掌握法则

做职场赢家

（美）奥里森·斯威特·马登 著
张 聪 译

中国出版集团 東方出版中心

图书在版编目(CIP)数据

掌握法则 做职场赢家/(美)马登著;张聪译.
—上海:东方出版中心,2015.5
(奥里森·斯威特·马登励志丛书)
ISBN 978-7-5473-0774-8

Ⅰ.①掌… Ⅱ.①马… ②张… Ⅲ.①成功心理—通俗读物 Ⅳ.①B848.4-49

中国版本图书馆CIP数据核字(2015)第059725号

掌握法则 做职场赢家

出版发行:中国出版集团 东方出版中心
地 址:上海市仙霞路345号
电 话:62417400
邮政编码:200336
经 销:全国新华书店
印 刷:上海文艺大一印刷有限公司
开 本:787×1092毫米 1/32
字 数:112千
印 张:6.125
版 次:2015年5月第1版第1次印刷
ISBN 978-7-5473-0774-8
定 价:30.00元

东方出版中心邮购部 电话:52069798

前　言

奥里森·斯威特·马登(1850—1924),美国作家,倡导新思想运动。主修医科,同时也是一名富有成效的酒店业主。

他生于美国新罕布什尔州的桑顿—戈尔(Thornton Gore),介于路易斯和玛莎—马登之间的一个小镇。他3岁时,年仅22岁的母亲便撒手人寰。于是照顾奥里森和两个姐姐的重担就落到了父亲——一个靠打猎和做门卫工作的农民肩上。他7岁时,父亲伐木致伤,不久也离他而去。他的监护人几经更易,他终日食不果腹,艰难度日。受苏格兰作家塞缪尔·斯迈尔斯早期作品的影响,他决意改善自我,改变生存环境。1871年,他毕业于波士顿大学。1881年,获得哈佛大学医学博士学位。1882年,攻克了法学学士学位。之后,又就读于波士顿祷告学校和安多华神学院。

大学期间,他靠在酒店打工自食其力。之后,他拥有几家自己的酒店和一处度假村产业。经济危机使他的职业生涯告一段落。1893年,当举办世界哥伦布博览会,大批游客从四面八方蜂拥而至的时候,他再一次在芝加哥跻身酒店业并担任酒店经理一职。这期间,他在塞缪尔·斯迈尔斯思想的感召之下,立志奋笔疾书,旨在启迪思想,阐述自己的哲学观点。

除此之外,他的思想还受到19世纪90年代新思想运动先驱者小奥利佛·温德尔·霍姆斯(Oliver Wendell Holmes, Jr.)和拉尔夫·瓦尔多·爱默生(Ralph Waldo Emerson)的影响。

1894年,他撰写的第一本书《奋勇向前》(*Pushing to the Front*)问世了。他着重论述了成功、意志力的培养和积极思考的话题。1897年,他创办了《成功》杂志(*Success Magazine*),与此同时,该杂志作为奥里森·斯威特·马登"新思想哲学"的宣言,教授人们积极思维、生活技能和服从管理。在20世纪的头20年中,他也是新思想杂志《鹦鹉螺》的固定撰稿人。

《成功》杂志时至今日仍能发人深省,并被评为美国当今最有影响力的十大杂志之一。

他曾采访过当代最负盛名和最有权威的成功人士,而且《成功》杂志在美国社会开创出了一个不同寻常的成就,被视为现代个人发展运动的诞生。据报道,此行业仅在美国每年耗资就达110亿美元。

20世纪初,据不完全统计,四分之一的美国人都知晓这本杂志。

何等伟大的标题，何等伟大的杂志！现在《成功》杂志仍然具有强大的生命力，并以凸显现在和过去有识之士的成功事迹为特色。

马登曾是《成功》杂志的第一撰稿人，那些一度深受其启迪的人后来相继成为该杂志的编辑，包括著名的拿破仑·希尔（Napoleon Hill）、W. 克莱门·斯通（W. Clement Stone）、斯科特·德加摩（Scott DeGarmo）和理查德·坡（Richard Poe）等。

像许多新思想拥护者那样，马登相信思想可以影响人的生活和人的生活环境。他说："我们创造了我们赖以居住的世界和我们的生活环境。"然而，尽管他在经济上获得了成功，但是，他总强调个人发展："你刻意追求的绝好机遇，不取决于环境，关键在于自己，不在于运气或机会好坏，或不在于别人的帮助，完全在于自己。"马登一生撰写了大量鼓舞人心的著作，其中代表作《人人都能行》、《奋勇向前》、《生而为赢》、《快乐的人生》、《命运的建造师》、《高贵的品性》、《魅力法则》、《我最想要的择业说明书》、《成功依然有秘密》等在欧美一上市，即受到大众的认可，几乎每本都是畅销书，并被很多公立学校指定为教科书或参考书，不少公司企业也是将这些作品发给员工阅读，在商人、政府官员、军人、教育人士、文化人士和神职人员中也深受欢迎。很多著作已经被翻译成 50 多种文字，在世界各地广为流传，现在都已成为影响世界历史进程的经典人文作品。

1924 年，马登与世长辞，享年 74 岁。

目　录

第1讲

乡村男孩的机会

"那间灰色的小茅屋好像是美国所有伟人的出生地。"一位访美的英国作家说。我们可以很容易地举出成百上千个例子来证明这一说法的正确性。林肯、格兰特、加菲尔德、格利礼、惠蒂埃、克莱门斯、沃纳梅克、洛克菲勒、塞勒斯、W. 菲尔德、比彻、爱迪生和威斯·丁豪斯都在农场和乡村小镇塑造了强健的体格、坚强的意志和良好的性格。这一切使他们成为自己所从事的领域的王者。

据说,有一次韦伯斯特在西部访问时,大平原地区的一个当地人因自己家乡拥有广袤的麦田、辽阔的玉米地和巨大的牧场而自吹自擂。他问韦伯斯特:"你们在到处是丛山乱石的新英格兰农场上种什么?""人。"这位伟大的律师回答道。

有 17 位美国总统来自小镇或农场。罗斯福尽管出生于城市,却用自己的艰苦奋斗证明了亲近自然的好处。

“真奇怪，为什么土生土长的纽约人很少出名？”查尔斯·温盖特说，“在所有公认的100位重要的纽约市民中，90%以上在乡村长大。大多数重要的牧师、编辑、医生、艺术家和商人来自其他州或别的地方。难道是缺乏精神和肉体上的活力导致纽约人被这些竞争者超越了？到处都是外省人的伦敦、巴黎、柏林和其他欧洲城市也存在同样的情况。这些外省人凭借充沛的精力和超群的能力，取代了城市里长大的人的地位。”

有位作家在整理40位成功人士的回信时发现，其中22人出生于农场，10人出生于小乡村，只有8人出生于城市。22人的童年基本在农村的环境中度过，3个人在孩提时代从农场搬到了乡村，只有1个人后来去了城市。但是在平均年龄为16岁时，所有这些成功人士都在城市里打拼，努力“赚大钱”。

大自然为我们绘制了一张无法靠人工完成的人生蓝图。要不是诚实的、充满生机与活力的郊区和农村人口源源不断地涌入城市，我们的大城市将在人造环境中走向衰落。人类种植的农作物的产量永远不会超过大自然赋予我们的食物量。人和人类的食物都离不开阳光照耀的田野和微风吹拂的群山。

肌肉运动时吸入的新鲜空气增加了乡村男孩的耐力和肺活量，城市却无法做到这一点。耕地、挖掘和割草使他的肌肉更有力量。农场是个巨大的健身房，是一所超级手工培训学校。杂活不仅能使他得到锻炼，还使他获得具有实用价值的能力和才智。他必须自己制作那些买不起或不容易买到的工具或玩具，操作、调试和修理很多机器设备。他的才智和创造力不断地得到锻炼。他对机械原理和工具了如指掌，也总有灵丹妙药应对危机。因此，无论什么工作，他都能应对自如。

除了健康的身体和灵巧的双手，乡村生活还带给男孩数不清的好处。他更亲近自然，不断地接触近在咫尺的巨大的创造过程。这个创造过程带来了一切自然而真实的东西。他触摸到了城市男孩无法接触的真理。他置身于永恒的现实主义学校中，只要他认真地去体会，变幻莫测的云彩、一望无际的大地和四季的变迁都能教给他生活的秘密，加深他对生活的理解。巍峨的群山和深邃的峡谷让他领略到什么是雄伟。高耸入云的山峰让他感受到什么是庄严。蜿蜒的江河让他体会到什么是平和与宁静。一切植物和动物皆可获得赖以生存的营养，这使他意识到大自然的恩惠。母性的光辉和对动物的照料使他学会去爱。

他生活在伟大化学家的实验室中。在那里，可以看到土壤创造奇迹的过程，以及黑土地里如何生长出色彩最绚烂、气味最芬芳的花草，供人和动物享用的食物以及用途广泛的树木。

花蕾的绽放，水果里汁液形成的奇妙过程，植物和树木纤维的生长，蜜蜂、鸟和其他生物的行为和神奇的本能，每种材料的使用和操作——这一切都会在长时间里不断地培养乡村男孩的实际动手能力，也是他的毅力、博学和处乱不惊的重要源泉。

农场中的男孩会很自然地想在城市里寻找发展机会。他会与看起来束缚他的封闭狭小的环境抗争,他的勃勃雄心会绘制一幅在城市里取得巨大成功的蓝图。他会梦想巨大的商店、规模宏大的图书馆和阅览室、不计其数的自我发展的良机、优秀的日校和夜校、青年基督教协会(类似于夜大)和其他能满足求知者愿望的机构。换句话说,对于乡村男孩来说,大城市是机会的海洋,他会觉得自己正在岩石、森林和坚硬的土地上荒废时光。

但是他应该认识到,那些被他视作成功路上绊脚石的花岗岩、群山和小溪,正时刻将力量注入他的体内,将钢铁般的意志注入他的血液,将毅力注入他的静脉之中。

这一切会大大增加他未来取得成功的可能性。他应当意识到自己的大脑和肌肉正在积蓄力量。这些力量将在未来决定国家的命运,将成为国家这艘巨轮的脊梁。他应当意识到,这个国家所积蓄的力量会重新在成功的银行家、律师、商人、铁路工作者和政治家身上得以体现。降临到他身上的最大恩惠是他生于乡村,长于乡村。他永远都不应该对此视而不见,而应铭刻在心。

留在乡村或乡村小镇的男孩并不一定会被剥夺取得成功的机会。很多大公司都是由小镇上的穷人创立的。

在放弃乡村的广阔天地投身城市中令人压抑的斗争之前,乡村男孩应认真思考自己的机会、能力和爱好。

如果乡村男孩能作出理性的判断，而不是梦想着得到城市里的众多机会、更好的图书馆和学校，他就会像林肯一样努力使自己免受贫瘠和封闭的环境的不利影响。对他来说，每本书都是珍贵的奢侈品，为他封闭的生活开启了一扇更为宽阔的大门。如果他决意走入外面的世界，那些看起来会阻碍他的东西就会变成通往高处的台阶。

在回答关于城市与乡村的机会问题时，已故纽约主教波特说：美国人生活的最大特点之一是年轻人从乡村流向城市。那些对乡村的闭塞感到不满的年轻人，很容易受到随处可见的报纸和廉价的杂志上介绍的五彩斑斓的城市生活的吸引。他们把目光转向城市。一有机会，这些年轻人就会涌入城市。

只有那些拥有非凡才能或善于抓住千载难逢的良机的人，才能成为杰出人物。大多数人只能满足于平凡的生活。纽约和芝加哥这样的城市所提供的平凡的岗位数远低于需求量。对大城市里人满为患这一可悲的事实我们不能视而不见：公寓里挤满了找工作的人。

这种失败通常源自人类自身。很多情况下人的主要错误在于他具有普通人的弱点，由于能力有限又没有受过训练，他无法应对巨大的困境。他必须生存下去，生活中的种种危机迫使他走上堕落甚至违法之路。没有接受过训练的乡村少年满怀强烈的梦想来到城市，几年之后，在城市里的奋斗可能会损害甚至毁掉他的性格和身体。这难道就是对母亲所付出的关爱的回报吗？当年老时，拿什么来抚慰自己？这难道不是一场悲剧吗？在我看来，美国人的生活中没有比这更悲哀的了。在自己的家乡，男孩可能做得很好。在城市里，他的力量无法抵抗敌对的力量和诱惑。

不可否认，在纽约这样的城市里年轻人有很多机会。城市需要受过训练的年轻人。简单的乡村生活塑造了年轻人强健的体魄和坚强的性格。他们首先在城市中获得立足之地，并以此为基础爬到远远超过在乡村能达到的位置。

但为了成功，大多数人付出了沉重的代价。几乎每个过着典型城市生活的人都像是一台处于高压之下的发动机。每天我们都强加给神经系统更多的让人无法承受的工作。日复一日，这台机器逐渐被磨损。最终，最脆弱的地方（大脑或者是其他器官）崩溃了，这个人也随之垮掉。几乎都是英年早逝，于是就需要找个人顶替他，然后又有一个在乡村长大的年轻人愿意全力以赴地工作。又一个血肉之躯被贪婪的城市——永远对青春、热情和活力垂涎欲滴的巨大怪物——吞入胃中。

城市中的受雇者有失去个性、思想和立场的危险。在乡村，年轻人有充足的时间去思考。在城市里，尽管有很多有趣的事情可做，年轻人还是应该花点时间思考，应该替自己想想，努力保持自我；应该保持朴素，因为朴素就是力量，在思想、举止和着装上要避免装腔作势；要注重内在的自我而不是外在的表现，他应当努力保持正确的价值标准。如果在工作和玩耍时都能保持清醒的头脑，不去理会精神和肉体的种种诱惑，最终他将成为城市的征服者之一，在城市中发挥自己最大的作用。

著名的长老会牧师、城市和宗教改革家查尔斯·帕克赫斯特建议普通的乡村男孩留在故乡。他说："这是个涉及面非常广泛的严肃的问题。总的来说，我倾向于不鼓励任何男孩，特别是普通的年轻人离开乡村进入城市，因为阻碍他们发展的力量非常强大，而且还在变得更加强大。城市需要优秀的人才，但是村庄和小镇同样需要他们。普通人在乡村能获得的机会多于城市。当然，大城市中的机会更多，但是每个机会都有超过 10 个应聘者在争夺。在城市中能赚更多的钱，但高昂的生活费又耗尽了薪水。因此在城市比在乡村更难攒钱。普通人应该留在乡村，城市中，大公司和托拉斯正大肆兼并每家企业。小人物和小公司没有生存空间。公司没有灵魂，也别指望它们会表现出兄弟之情。竞争在加剧。这种竞争不会培养创新，只能摧毁成千上万人的创新精神，把他们变成人体机器。随着银行或商店规模的扩大，人们心中只剩下一个目标——尽全力把公司变得更大。"

第2讲

为成功积累资本

经商最重要的资本存在于你自己的力量中。它由如下要素组成：充分利用自己的能力；展示你的力量；努力锻炼自我以实现奋斗目标。

商界的成功依赖个人因素，取决于自己内在的素质。积累精神资本是青年时期的主要任务。这时，他们无法确定实现未来职业生涯目标的最佳途径。建筑师在绘制好蓝图之前是不会砌砖的。铁路不会沿着随心所欲选择的方向修建。雕刻家不会在大理石上乱刻乱凿却不知道自己要雕刻什么。简而言之，没有计划和准备，就不能获得有价值的成果。在混乱的状态下，我们能取得成功吗？整个人类历史都反对这个假定。

除了极少数特例，那些在世界历史上留下印记的人都在青春时期做好了准备，然后在秋天收获累累硕果。

如果年轻时不打下坚实的基础，就别指望超越平凡。

对于那些渴望参加工作或走入商界的年轻人，我们的建议是克制自己的欲望，尽可能学习，多锻炼自我，积累成功的资本，为从事伟大的事业做好准备。世界从未像今天这样渴望得到接受过良好的教育和训练，具有很强的工作能力，掌握广博知识的人才。

汉密尔顿·梅比说："这是个需要受过训练的人的时代。我想把这句话刻在你们的心里。在这个国家里曾经有大量的机会和大量工作需要人去做，任何有坚强的意志和良好能力的人都能取得一定程度的成功。我并不是说那个时代已经结束。我希望它能长期存在下去。如果我现在是个想步入世界的年轻人，在接受了足够的教育，并掌握了自己想从事的工作的技能之前，是不敢轻易走出去的。现代生活的悲剧是那些只接受过不充足教育和训练的人的悲剧，是那些想做事却没有能力做好的人的悲剧。"

当然，有很多年轻人无法上大学。他们需要工作来养家糊口。但是他们应尽最大可能在闲暇时间里学习。每天全神贯注地学习一小时，一年时间里学到的东西就多得惊人。坚持每天聚精会神地学一小时远比胡乱大量阅读有价值。

当你看到一个年轻人渴望得到更多的教育，想生活得更加充实；当你看到他利用每段闲暇时间去搜集对工作和生意有用的信息资料，或努力开阔自己的眼界；当你看到他精神振奋，身手敏捷，无论做什么都坚持到底，你就可以肯定地说这个年轻人是块好料，终将取得成功。

有些强壮的人虽然受过教育，也接受过某种培训，但是他们却注定要做平庸之人，其中很多人注定要失败，因为他们出发时没有作出正确的选择。他们认为自己能够平稳地获得永久的职位，只要不停地工作，就能以某种神秘的方式取得成功。当他们醒悟过来，认识到自己需要接受更好的教育时，却发现自己已经没有能力去学习了。当人的思维变得僵硬，大脑的反应变得迟钝时，要接受教育是一件多么困难的事情啊！青春年少时，人的头脑反应灵敏，具有可塑性，此时学习是易如反掌的事情。

本书作者不断地收到中年人的来信，他们对自己年轻时没有受教育的机会，或者没有抓住受教育的机会而感到遗憾。这些人都是有影响力的富人，在社会中发挥着主导作用，取得了公认的巨大成就。但是随着年龄的增长，他们越来越对自己教育上的缺陷感到懊恼。可悲的是，天生聪明而富有的中年人，却饱受自己是文盲这一点的束缚，或者由于缺乏文化修养而无法享受那些使生活充满色彩的东西。如果他是个敏感的人，就总是害怕这些缺陷会使自己丢脸。他的心里会时常萌生渴望，却不知道如何才能满足自己的愿望。

在美国有很多这样的人，既有百万富翁，也有穷人。人数如此之多，是因为大批的年轻人在赚钱欲望的驱使下匆匆闯入商界，却没有接受足够的教育来给未来发展奠定基础。他们中大多数人在30岁以后几乎无法养成学习的习惯。到了这个年龄，人的思维能力已经定型，只能接受特定类型的形象、观点和思想，而且99%的人仅凭努力无法养成学习的习惯。

在未受过教育的人中，最令人同情的是那些已到中年却未取得成功的人。教育是他们唯一需要的东西。但与那些在财富和影响力上已经取得彻底成功和部分成功的人相比，他们受到教育的机会更不确定。青年时代结束之后，他们就难以集中注意力，缺乏自信心，智力也有所下降。对于很多不幸的人来说，“因为缺少教育和适当的培训而失败”将是最合适的墓志铭。

对于大多数人而言，教育使人积蓄力量。他们必须依靠这些力量来应对生活中重大的紧急事件。也许只使用自己学过的一半知识，土木工程师就能完成90%的工作。但如果要修建一座横跨尼亚加拉大瀑布或密西西比河的铁桥，或者要在大山里开凿一条铁路隧道，或者面对其他重大的工程项目时，他就必须使用自己的全部知识与经验。他整个人和他积累的内在资本将面临考验。在平时，一个商人只凭借自己部分内在资本去经商，就能做到高枕无忧。但他清楚地知道，必须做好准备以应对紧急情况和艰难时刻。普通教育可能使他安度日常时光。但是当发生紧急情况，当他的公司具有很大的规模，当他的能力被运用到了极限时，他受过的更加全面的教育将发挥至关重要的作用。当那些年轻时没有接受过良好教育的商人，在经济危机或紧急情况下走下坡路时，他把经得起暴风雨的考验看成是一种锻炼，因为经过锻炼的头脑能使他更好地掌控局面。

储备的力量是一种资本，意味着影响力；它是使船保持平稳的压仓物，能保证船只在暴风雨中安全航行。储备的力量是成功的动力。它不能在一天、一个星期、一个月或者一年中完成积累。它不是特别的天资或才智；没有人天生就有储备的力量。只要没有特殊的残疾，任何人都能获得它。它不能用钱买到，只有通过长年的刻苦学习和耐心的、坚持不懈的训练才能得到。这些学习和训练必须在青年时期种到地里，否则秋天就不能收获储备的力量。

年轻人获得的力量和储备的资源会在他们的性格上留下印记，会让周围的人意识到他们的存在，会让年轻人对自己的能力充满信心。储备不足会削弱年轻人取得成功的能力。

如果我只给美国的年轻人一条建议，那就一定是迈克尔·安吉洛用小字在拉斐尔工作室的画布上写的那句话：壮大自我。这句意味深长的话令拉斐尔终身受益。我建议每个年轻人都把它当作座右铭装裱起来，挂在自己的房间、商店、办公室或工厂里，保证每天都能看到它。不断思考其含义，会扩大你生活的宽度、广度和深度。

无论从事什么职业，最难做的事情之一是实现持续发展。刚毕业的年轻人朝气蓬勃，反应灵敏，对自己要实现的宏图大业充满了憧憬和期待。他们梦想着努力学习、提高自我，梦想着旅行，梦想着社会生活中的种种喜悦，梦想着理想的家庭生活。但是一旦走上工作岗位或步入商界，几乎无法抗拒的诱惑会使你忘记友谊；使你今天在这儿减少一点学习时间，明天在那儿减少一点学习时间，使你推迟阅读和娱乐的计划。连续不断的诱惑会降低你的标准，使你走向平庸，深陷日常琐事之中。要想避免成为按部就班运转的机器的一部分是极其困难的。除非你找到了称心如意的工作，而且你的工作永远能带给你快乐，否则不久之后枯燥乏味的工作会夺走生活中所有的高层次享受。除非你的意志极其坚定，能持之以恒地去努力实现更大的目标，否则随着时光流逝，生活之路会越变越窄。必须坚持不懈地付出巨大努力才能实现持续发展。那些没有随着年龄增长而迈向新台阶的人的生活是失败的。

无论遇到什么，无论是腰缠万贯还是一文不名，都要下定决心做一件事——努力实现持续发展，每天都要使自己更强大、更睿智、更完善。即使你失去了财产，在道路上遇到了不幸，希望破灭，或者雄心壮志遇到挫折，你将依然富有，你将拥有更大的财富——一笔无人能夺走的财富。你会意识到至少自己的才智得到了提高，并能向世界证明，没有钱一样富有，不幸无法打垮真正的男子汉，大火和洪水都无法毁灭最高层次的财富。这样，你将成为真正的男子汉。

第3讲

丰富自己的内涵

进入商界前，年轻人必须给自己装备某种资本，例如健康、知识、正直或常识。

爱迪生说过："敏锐和兴奋都远不如常识有用。"拥有学识和高智商是人们最渴望的事情。但是在为生活而进行的战斗中，务实而质朴的人一旦拥有了常识，就远比不懂常识的学者和天才强大。学者可以去梦想，创立新理论，并提出人类可能达到的理想境界。天才可能发现大自然隐藏的秘密，控制闪电，甚至到达其他星球。但是如果没有常识，就难以把幻想和假设变为解决日常生活中遇到的问题的方法，促使自己取得进步的天资的作用也会下降。无论你在大脑里存储了多么宝贵的知识，无论你是如何多才多艺，如果没有常识做后盾（常识让我们知道如何运用自己的能力，如何把学到的知识付诸实践），你将任由环境和他人支配和摆布。有一个古老的德国谚语，简洁而凝练,寓意深刻:“眼睛盯住群星,但别忘了顺便点燃家里的蜡烛。”尽管我们易于把常识当作最普通、最常见的一种天资,事实上它是最不寻常的。由于缺乏常识,人们不断地犯错误,不断地退却,不断地阻碍自己的进步。他们不去通过经验和观察来获得常识,结果蹒跚而行,毁掉了众多成功的机会,发生不幸时就怨天尤人。实际上,责任全在他们自己身上。

自我发展能给人创造最大的机会。在美国成千上万的年轻人在苦苦寻找良机,却认为自己与那些等着他们去发现的良机没有多大关系。但是无论你去哪里,无论你的祖先是谁,无论你曾在哪所学校就读,无论谁在帮助你,最大的机会恰恰取决于你自己。别人的帮助是身外之物;你是谁,你做了什么才是真正重要的事。要养成依靠自己的习惯,要下定决心挖掘自身潜力而不是仰仗别人,这一切都能增强自己的力量。拐杖是给残疾人用的,它不适合强壮的年轻人。那些试图一生都拄着精神拐杖的人是不可能行远路、成大业的。最大的财富——一切真正有价值的财富——都必须集中在自己身上。必须使自己富于内涵,而不是仅仅拥有外在的财富。经济恐慌、贸易波动、洪水和火灾、商业伙伴的不诚实或者自己作出的错误判断都不能夺走你的内涵。最大的投资必须用于自我完善与提高——使自己更健康、更勇敢、更善良、更高尚。

要让任何接触你的人感受到你内心的财富;你的眼神、言谈举止甚至每个毛孔都能显示你内心的财富。它应该带给周围的人温暖、光明和舒适；它应使整个社会更加丰富多彩。真正的财富应该像玫瑰一样，让每个路过的人感受到它的美丽与芬芳。它会无私地帮助别人，奉献自己的一切。

令人惊讶的是，众多极度渴望成功的年轻人，在年轻初期抛弃了能带给他们光明未来的资本。每个正常人在职业早期都拥有一定数量的资本：活跃的思维、健全的神经、充沛的体力和具有可塑性的性格。它们是最珍贵的遗产。所有人的未来都依靠这些资本。挥霍这些资本是目光短浅的表现。什么能弥补健康资本的损失和浪费呢？

当年轻人挥霍父母留下来的财富时，我们感到震惊。然而，当我们放弃能让我们恢复体力和精神的睡眠、浪费时间、让良机从手指缝溜走时，我们就抛弃了更为珍贵的资本。

没有什么比毁坏性格这一最为珍贵的成功因素，舍弃灵魂中的这一无价之宝更具灾难性。

令人愉快的性格是无价的，它永远能带给人快乐和灵感。这种性格是最好的资本。

没有几个人来过你家，或者见过你的股票、证券、土地和公司。但性格却陪着你周游四方。它是你的信用证，决定着你人生的浮沉。

我们时常遇到的好性格中蕴含着难以形容的财富。在性格上的百万富翁面前，金钱上的百万富翁是何等渺小！在贤德君子面前，哪怕是没有金钱的贤德君子面前，以不正当手段敛财的人显得何其贫穷和卑贱。拥有智慧与文化内涵的百万富翁令那些为追求金钱而贬损灵魂的人汗颜。不幸的是，在家庭和学校里，没有人告诉年青一代那些伴随其一生的性格财富的价值和重要性。

要毫不吝惜地投入金钱、时间和精力来增加我们的性格财富。它会使自己身边的人的性格变得更美好，更具内涵。

无论你的身体有多么畸形和丑陋，你都可以把性格中最有价值的东西——爱、亲切和阳光写在脸上。所有的大门都会向你敞开；无论走到哪里，你都会受到欢迎。美丽的心灵和美好的性格属于每个人。尽管未曾相见，我们都能感到自己与这样的人有某种联系。尽管未曾相见，我们却能感到这种人的存在。在美丽心灵的感召下，铁石心肠也会变软，顽固倔犟的人也会作出让步。在人生的旅途上，无论走到哪里都要让美好的性格像探照灯一样照亮前方，在自己的身后留下阳光和祝福的印记，因为处处留下鲜花和幸福而被人爱戴，这一切将远比积累冷冰冰的、毫无同情心的、庸俗而冷酷的大把钞票更加伟大。

第4讲

选择职业

我要做什么工作来养家糊口？这是每个年轻人迟早都要回答的问题。无工作可做，就无法尽情享受生活，也无法真正领悟生命的意义。

选择一个干净、有用并受人尊敬的职业吧。如果达不到上述标准，应立刻选择放弃，以免长时间接触之后，自己把坏的当成好的。有一些行业，即使卡耐基也无法取得成功，皮博迪也无法使之受人尊敬。选择一个有发展潜力的、能使你有机会成长、进步并得到升迁的职业。如果可能，应避免选择那些把你束缚在一个职位上或者晚上和周末也要加班的工作。不要试图用“总有人要做这样的工作”这样的借口来说服自己。让“有些人”而不是自己去承担这份责任吧。选择这种职业不仅仅是对和错的问题。一周工作7天或在本应该睡觉的晚上工作都有害健康。其后果是你会在本应工作的白天睡觉。

很多人因为能赚到钱，就在一些平庸而闭塞的岗位上工作。这样的岗位压抑人性，束缚智力发展，摧毁雄心壮志，麻木人的情感。

一本书无论有多好，如果它占据了我们读更好的书的时间，它就变成了坏东西。同样道理，如果我们能自由选择，能从事更高层次的事业，那么任何工作、任何职业相对来说都可能是坏事。换句话说，我们应当致力于从事那些对自己来说可行的、最高层次的、最高尚的职业。

我们无权强化自己的兽性，而让人性中更高贵的东西蛰伏甚至衰败下去。拥有强健的体魄、聪明的大脑和良好的机会的年轻人如果选择能摧毁更高层次的人性、让纯粹的兽性暴露无遗的职业，将是一种耻辱。由于缺乏训练，他的高贵的本性将不可避免地走向毁灭。大自然的法则——用进废退——是残酷无情的。

有多少受过良好教育、能力出众且体格健壮的年轻人在一些让人故步自封的卑劣岗位上荒废生命！这些岗位使任何接触它们的人丧失斗志、腐化堕落。一个才华出众、能力超群的年轻人仅仅为了几个小钱就自暴自弃，脱离社会，失去别人的尊重，这值得吗？被社会唾弃、被良心诅咒的工作，无论能带来多少金钱和物质享受，都是得不偿失的。

从事自己不喜欢的职业是可悲的。能力出众却时运不济的年轻人靠平庸的工作养活自己，这真让人同情。这样的工作压抑人的本性，使人自轻自贱，自我谴责，远离生活中最真最美的东西。不要做那些让人丧失尊严、失去是非观念、永远偏离生活中真正快乐的工作。全力以赴去工作的感觉才是幸福的唯一源泉。

寻求成功的人最应该问自己的问题是：“在哪里我最有可能取得成功？”也就是说，我应该置身于什么环境之中，以使自己的付出有最大的回报？

最重要的是进入和谐的环境中，以便最大限度地挖掘自己的潜能来实现雄心壮志。应从事那些最适合我们体质、思维习惯、品位和能力的工作。换句话说，取得成功的最佳途径是获得合适的职位，进入合适的环境以使我们畅行无阻地迅速展示自身的能力。

有人错误地认为，只有年轻时才有从事某种特定工作的能力。有些人比别人要晚很多年才成熟。很多人直到中年才找到真正适合的职业。在大多数情况下，一旦他们找到真正适合的工作，这些中年时积累的经验将发挥重大作用。

年轻人越早确定自己的终身职业越好。但也不必过于匆忙。如果没有确定无疑的天生职业倾向，我们就要以极大的耐心和细致的工作来寻找最适合自己的工作。有些年轻人在某方面有明显的天赋和能力，他们在择业时几乎不会犯错误。但不幸的是，大多数人在成长阶段都不会显示出自己最适合做什么工作。当然，经过培养，即使那些没有明显表现出适合从事什么工作的年轻人，也能够找到适合自己的工作。

“你是如何找到自己的工作的?”一个朋友问乔治·皮博迪。皮博迪回答说:“我没有找到自己的工作，是它找到了我。”在找工作的问题上，普通的年轻人和这位著名的银行家是一样的：工作找到了他们。我们都不是找到了工作，意外、机会、环境、出生地、贫穷、早年缺少机会和教育等对求职的影响远大于我们的自由选择。日常琐事常常改变整个命运。在很多情况下，不经意地翻看一本书，听到别人演讲、布道或脱口而出的评价，一点点鼓励或突发的紧急事件都能成为生活中的决定性因素。

亨利·凡·戴克教授说:“我的建议是不要等自己找到最佳途径，而应立刻着手做些事情。选择一条最有可能通向成功的道路。从行动中学到的东西远超过沉思。”

托马斯·斯莱塞博士说:“问题的关键不是我想做什么，而是我如何塑造自我，活出真我。”

我能把什么做得最好？我的哪种能力能最好地为同胞服务，并进而发展成为自己的最强项？这是刚刚迈入生活大门的每个青年人都要面对的问题。对这些问题的回答不仅仅关乎个人的幸福或苦难，而且直接影响世界的发展与进步，因为只有每个人都选择了合适的工作，文明才能迈上新的台阶。

选择终身职业时要遵循下述原则:“要确信我在这里要比在世界其他任何地方都能做得更好。”

生活中无论做什么，都要成为工作的主宰。大多数人仅仅把工作或职业当成是谋生的权宜之计。这是用狭隘而平庸的眼光去看待原本用于提高生活水平、挖掘人的潜力、塑造良好的性格、使上帝赐予我们的才能更加完善与和谐的工作。

第 5 讲

被父母求职指导毁灭的未来

我们走到哪里都会看到被不适合自己的工作毁灭的卓越人才。工作中存在着一种毁灭性的力量。人的灵魂和身体永远对其深恶痛绝。

我们被人灌输种种希望和承诺，却不知道在摧毁人的雄心壮志方面，没有什么比根本不适合自己的工作更坏。

你能从一个人的脸上和行为中看出从事不合适的职业所造成的痛苦。破灭的希望刻在每张可怜的面孔上，每个神情和动作都透露着失望。

有些父母会劝说或强迫自己的心肝宝贝去从事他们没有能力去做，也根本不愿意去做的工作。还有比这更残酷的事情吗？父母可能认为自己的子女选择了受人尊敬、收入丰厚的工作。但是当他们的做法与孩子的本性相抵触时，他们就大错特错了。父母本来想使孩子受益，但是他们的错误不仅束缚了孩子才华的施展，在很多情况下还会毁掉他们的前途。

最近有位作家说："父母自己的生活经历、机会和运气自然会使他们形成某种观点和偏好。如果他们取得了一定的成功，并且很喜欢、很满意自己的工作，他们可能以为子女最好步他们的后尘。相反，如果工作让他们生活得很痛苦，他们就希望孩子选择不同的职业。无论哪种情况，种种偶然事件对择业的影响远大于工作本身的性质。此外，时代在变化，环境也在变，过去最坏的东西现在可能变成了最好的，反之亦然。因此，在择业问题上，不仅要征询父母的意见和建议，还要了解他们意见和建议背后的理由。"

没有父母会建议失去一只胳膊的儿子去从事需要双手的工作。如果建议他在铁路上工作或当土木工程师，儿子会觉得这很荒谬。没有人会建议一只眼睛失明或视力不佳的儿子做雕刻师，或承担对视力要求很高的工作。但这些父母却会毫不犹豫地建议儿子选择法律工作，哪怕儿子没有一点逻辑推理能力或缺乏对法律最起码的敏感。这些父母还可能建议弱不禁风的儿子做职员，或从事不在户外晒太阳的工作。

不可否认，"灵魂认为重要的东西总是正确的"。换句话说，必须尊重内心的自我认定，继而找到合适的工作，否则，就有可能造成灾难和失败。因此，每个人都要倾听自己的心声，按照自己的意愿行事。

当溺爱你或对你充满期望的父母，对你赞不绝口的朋友，以及好心却犯错的朋友说你是天才，认为你会成为伟大的律师、政治家、雄辩家、牧师、物理学家、建筑师或工程师，甚至说你能从事任何想做的工作时，不要被这些建议蒙蔽。要认真分析自己的性格和爱好。如果不知做何种选择，那么就应该看看你能否满足从事这些工作并取得成功的条件，然后问问自己是否无论遇到什么样的困难与考验，都有勇气、毅力和体力去从事这个职业。

选择一个力所能及的职业，一个让你身心都能满意的职业，一个能让你微笑面对自己的灵魂和他人的职业吧！

第 6 讲

提防入错行

如果在人生事业的选择上犯了错误，成功就会受到致命的打击。可是现在越来越多的年轻人争着要进入一些社会上热门的行业却不晓得自己根本就不适合。

为了追求一份根本不属于自己的事业，为了爬上自己根本不能适应的高度，人们尝尽了艰辛，生活也为之失色。今天，年轻人总是觉得成功就应该是出人头地、万人之上。他们忘记了山谷中也有紫罗兰，它们散发着幽香，令人神往，丝毫不逊色于为它遮风挡雨、看它花谢花开的高大橡树。

年轻女孩不切实际的理想像细菌一样不断地滋生膨胀，她们整天梦想着要做一番大事业。为了有朝一日可以功成名就、出人头地，摆脱目前自认为毫无意义、毫无尊严的生活，她们背井离乡，抛弃了亲朋、切断了亲情、冷落了理想。这种六亲不认的理想根本不能成功，何况就算成功又有什么意义呢？她放弃了家庭、放弃了亲情、背弃了女人的天职。难道至高的学历、成功的事业可以补偿这一切吗？为了追求学问放弃了天生的爱好，能有什么可以给她补偿呢？

年轻的男孩本来已经是成功的修理工或者农夫了，却整天为所谓的理想煎熬，最后放下工具、农具和手头的活匆忙地到城里建功立业去了。他们挤在本来就拥挤不堪的记者、老师、医生或者艺术家的行列里。几年后他从本来就不属于他的战斗中败下阵来，身心受损，再也无力担当任何事情了。

生活中总是有比事业更珍贵的东西。生命中的一些情感是我们无权舍弃掉的。生活一旦失去了平衡与和谐，即使是智力超群的人也只能过一种畸形、生硬、冷酷、单一、缺损的生活。只有悉心呵护我们柔软的天性和情感，安享天伦之乐，我们才能够获得和谐的、全方位的发展。而这一切又会赋予我们力量，使我们生活得神气又甜美。

而挣扎着去做大事业，却又丝毫不具备应有的才能，结果通常不仅是失败，还可能产生不满与失落的失衡感觉。这样的举动不但方针有误、结局惨败，同时也会使人失去人生中最值得追求的东西——完美的人性。

选择毕生从事的事业是一件严肃的事情。要对个人的资质水平、健康状况等因素进行仔细的研究和验证之后才能作出决定。不要误以为只要有爱好就一定能够胜任。对于年轻人来说能够选择适合自己的职业至关重要，他们的身心将得以健康地成长，能力得到最佳的发挥而不是误入歧途，每况愈下。要想找到自己天生就适合、使个人的才华得以全面地施展的工作，人们就要做到有自知之明、量力而行。

在选择自己毕生的事业时要去聆听自己的心声。天生具备的素质通过培养和学习，再用理智和责任加以制约就会使得人们自然而然地在找到一份工作的同时又收获成功。

确定工作之前要仔细地考虑清楚，自己是否可以胜任，是否真的是自己所愿。因为只有对工作高度热爱才能使你忍受痛苦、艰辛，可以应付将来无数的失望。这个领域中可能有很多工种，要确定其中有你可以选择的工作，并且是你最胜任和最感兴趣的。只有选对了行业才有可能将成功与幸福同时收入囊中，而如果入错了行即使付出同样的努力与勤奋，和别人相比，你也只能做个蹩脚的律师、牧师或者从事其他任何你根本不适合的职位。

一旦适得其所，很少有人会失败。但问题是几乎很少有人会找到适合自己的位置，虽然自己根本不适合也要狂热地去追名逐利。一个人本来经商很成功，可是却受人鼓吹，或者从一些诸如“有志者事竟成”或“世上无难事，只怕有心人”的谚语中获得了力量，因此不再满足于自己的命运，转而弃商去学习法律或者神学，结果当然是败得一塌糊涂。这种入错行的人士到处可见，他们闷闷不乐、郁郁寡欢、愤世嫉俗，原因就在于他们不得其所。

如同一把钥匙配一把锁，一根木桩对应一个坑儿，人生在世都有自己独特的位置和作用。所以人生首要大事就是要找到适合自己的凹槽。总是有许多没有丝毫审美能力，只适合去粉刷栅栏的人却拿起了画笔要在画布上描绘风景。许多人虽身为商人却根本不喜欢数字，一心向往乡村生活；也有许多农夫放弃了自己肥沃的土地一心想要去做个商人。

我们看到有些人本来可以成为优秀的工程师或者了不起的农民，结果却成了商店里一脸漠然的店员；许多人天生适合做老师却待在家里做家务；还有许多人天生适合做艺术家却选择了去做鞋。你也许不像韦伯斯特或者林肯那么有才，但是你仍然要问问自己："我适合做什么？"然后毫不犹豫地去选择。

如果全力投入却仍然一无所获那就应该马上停下来进行自检，通常人们就会发现原来是自己这台机车一直在脱轨运行。如果人们没有意识到问题所在，只是一味地给机车里增加能量，结果只会是能量越多机车反倒在泥潭里面陷得越深，前行也就变得越难。

如果他们可以停下来仔细地检查机器，认真找出问题所在，他们很可能会将机车开上正轨而不是在泥潭里耗光自己全部的能量。即使是人到中年才发现自己失败的原因，人们最终也会到达自己的目的地。

有时我们会看到一些窄轨的机车却要到宽轨上来行驶。有的男孩错把自己的理想当成了实力，结果做律师失败，其实他本来可以成为一名成功的技师；有的女孩本来天生是模范主妇的材料却要靠表演或写作来艰难谋生；天生的雄辩家却做了糟糕的鞋匠；天生的歌唱家却在卖花边和缎带。这些人就如同要把方形的柱子塞到圆形的洞眼里一样荒谬。

爱默生说过："就像是年轻人在水上划船，到处都是障碍，只在一个方向畅通无阻。在这个方向上所有障碍皆无，他平静地穿过深不可测的海峡进入了大海。"如果你找到了自己真正的事业，你的前途将会畅通无阻。没有生拉硬拽，没有疲惫不堪。成功将是你与生俱来的权利，任何艰难险阻都对你无可奈何。

如果你的工作和生活停滞不前，没有丝毫的进展和提升，如果你的工作令你提不起精神，可以肯定你没有找到自己合适的位置。如果工作对你来说是种煎熬，如果你一心盼望着吃午饭时间或者下班时间，你也可以确定你没有选对行业。除非你工作时满心欢喜，不愿离开，否则这份工作原本就不属于你。

一旦找对了位置，你一定会有所察觉，并会对此深信不疑。适得其所，你会变得足智多谋、创意无限。你再也不会对自己的工作抱有怀疑；你和你身边的人都会确信你就是为这份工作而生。你也会因此而心满意足，开心幸福，并且至少会小有成就。

第7讲

找份工作

多年前，有个西部的年轻人非常想做一名记者却苦于没人推荐，于是就向马克·吐温求救，希望能够在某家都市报任职。马克·吐温对于求职有着自己的独特见解，他给了年轻人下面的答复："如果你能严格地遵照我的指示，我就帮你在一家日报社找份工作。你可以自己挑选报社和工作地点。"

感激不尽的年轻人很快就回了一封信说出了自己中意的报社名称，并且答应无论马克·吐温有什么样的指示他都会不折不扣地执行。于是马克·吐温写下了这样的信：

如果你愿意义务服务，几乎每个报社都会给你一份工作的。不久你就会赚到薪水。你只需要耐心地等待。

到你选中的报社去申请。不用任何人推荐。不要提我的名字，只谈你个人的情况。告诉他们你不要任何报酬。你只是想在这里工作——什么工作都行，因为你已经厌倦了整天无所事事的生活。你现在想工作，活儿越多越好。你不要他们一分钱。无论对方是慷慨还是吝啬，你一定会得到一份工作的。

一旦开始工作，不要傻坐着等待别人的指示。注意观察，手脚要麻利。没有活儿也要想法找点活儿。报社里的人很快会觉得他们很需要你。当你觉得有件事情值得报道时，到办公室里去说一下。很快他们会让你自己把这些事情写出来。于是你就可以经常地写些报道，最后可能人们还没弄清你是什么时候、怎么来到这里的时候，你就已经成为报社的一名编辑了。

同时，虽然你已经是报社不可或缺的人，不要去提薪水的事儿。一定要等待，因为这件事情到时候自会解决。慢慢地，报社竞争对手那里就会有个空缺职位。你的一些记者朋友可能会推荐你，你有可能被提供职位和相应的工资。把这个数字告诉你的主编。他会给你同等数额的薪水。之后，当另一家报社给你更高的薪水时，如果你现在的雇主愿意出同样一笔钱时就不要辞职。

年轻人看过之后非常吃惊，可是他还是按照马克·吐温的指示去做了。他去申请，得到了一份勤杂工的工作，一个月后他成了报社的编辑。第二个月的月底，另一家报社愿意出资聘用他。他的雇主给了同样的薪水，他就留在了这家报社。在接下来的四年里用同样的办法他的工资翻了一番。后来他做了南方一份很重要的日报的主编，现在他仍然保持着这个职位。另外还有五个年轻人向马克·吐温求救，他们收到了同一封信，并且他们都照做了，结果都找到了自己想找的工作。五个人中有一个还成了一份世界知名日报的主笔。他始终没有换过工作。20年前，当他还是个无名小辈，当他“一分钱不要只是为了锻炼”时，他现在的雇主收留了他，现在他领着非常丰厚的薪水。

关于年轻人该如何求职并且保住职位，迪普的建议堪称经验之谈：“善于言谈，为人可靠。这些要比一沓推荐信或者奖状还管用。一旦求职成功，要做到勤奋、理智、自信，那么成功就是水到渠成之事。”迪普举了詹姆斯·鲁特的例子来佐证自己的说法。鲁特是个穷人家的孩子，住在伊利铁路公司的铁路沿线。他一开始是在一个乡村火车站做搬运工之类的工作。一个月后他就展示出了非凡的才华。当时正是铁路发展的早期，他的才能受到领导的关注并得到了提升，让他负责管理敦刻尔克一家货运中心。鲁特对当时通用的方法进行了改革，使杂乱的事物变得井然有序。他被伊利管理层视为年轻人的奇迹。他们提拔他负责整条铁路的货运。此时他表现出了非凡的管理才能。铁路大亨范德·比尔特非常赏识他并表示说“这是我们必须争取的年轻人”。他不惜重金从伊利公司挖走了鲁特，不仅给他15 000美元的年薪，而且还有一个崭新的办公室，任命他为负责运输的总经理。一天鲁特来拜访范德·比尔特，提到了一件关于货运安排的异常困难却也异常重要的事情，鲁特询问该怎么做。

这位老人说："吉米，我们给你的15 000美元年薪是干什么用的？"

"让我来管理公司的货运生意。"

"那你希望我来赚你的这份薪水吗？"铁路大亨回答道。

鲁特转身离开了房间，根据自己的判断开始采取行动。他远见卓识，目光准确，很快被提升为公司副总裁。后来他接替范德·比尔特成为纽约中央铁路系统的总裁。

迪普说："鲁特被聘用来管理中央铁路的货运生意，公司就期望他可以管理得好。如果他做不到这一点，公司就会聘用可以做到的另一个人。"

迪普的话应该可以给那些希望找到工作并且想要保住这份工作的年轻人以启迪。

卡耐基先生说："雇主能得到的最有价值之物应该是一个杰出的青年。他要不遗余力地去得到这样的人。"

卡耐基认为这样杰出的青年会始终为雇主的利益着想。他随时保持警惕，不断提出有益的建议。他会一直去寻找更好、更简单、更有效的做事方式。

这个杰出的年轻人的理想应该是辅佐雇主，使其利益得到最大化。在公司旺季他下班后也不会离开，尽力去帮忙做事。一旦公司出现紧急状况，他会积极应对，加以解决。

这个杰出的年轻人能够化解员工内部的矛盾，避免分化，维持公司和谐。他会帮助工友，鼓励后进，振奋人心。

这个杰出的年轻人会一直心系公司，为雇主的利益而战。他为人礼貌，乐于助人，深受顾客喜爱；他为公司广交朋友，提升公司形象。

这个杰出的年轻人应该想雇主之所想。他把自己的工作看成是表现自我的机会，他永远准备着去胜任更高一级的职位。

这个杰出的年轻人会仔细研究公司业务，熟悉公司文件，留意对手公司做出的每一项改进，他会在业余时间不断地为自己充电，随时准备迎接更大的挑战。

这位杰出的年轻人不会说："我又没领那份薪水，也没人付我钱要我加班或者让我多出力。"他永远不会半途而废，凡事都做到有始有终。

第8讲

坚持目标

首先要认清自己，了解自己的体能、智能、气质、能力和喜好，然后再有意识地去选择毕生的事业。不要回头，不要攀比，不要悔不当初。除非事实证明你的选择是错误的，连你自己都充分地认为自己也许更适合其他的职位，否则一定要坚持自己的选择，全力以赴、全心全意。任何的挫折、困难和失望都不能动摇决心。如果工作变成了苦差，如果你不断地悔恨当初，那么成功将会遥遥无期。坚定的决心和不屈不挠的精神对我们的成功有着深远的道德上的影响。它会令他人产生信任，而这对于我们来说至关重要。人们容易对目标坚定的人心生信任并乐于出手相助，而对那些摇摆不定、频频跳槽者的态度则截然不同。通常意志坚定者不易失败，他们坚韧不拔，对成功充满了自信。

许多失败者并不缺乏才能、热情或者建功立业的理想，而是缺乏对目标的忠诚。他们不断地变换职位，总是不满自己当前的处境，理想和标准也总是随着自己的情绪而发生变化。这种人带给自己的只有失败，同时不易让别人信任自己。

坚持目标，不改初衷有利于年轻人的道德建设，同时坚持不懈对于他个人事业的成功有着极大的帮助。无论从事什么职业，他的能力都会得到人们的信任，他的力量也不断地得到增强。一座大楼一定要按照当初的设计图纸来建筑，而不是凭着建造者们的一时兴起最后搞得楼体奇形怪状。同样道理，年轻人要精心地策划、耐心地运作自己所选择的理想，这样他的性格和人生框架才能构建得结实而完整、丰富而完美。

成绩斐然者的共性就是对目标的坚持不懈。他们可能在其他方面有所不足，可能有许多缺点和怪癖，但是不屈不挠的品质却是他们不可或缺的。也许会遭遇异议，也许会备受打击，但是他们永远坚韧不拔。艰难困苦打不倒他们，历经浮沉却依然矢志不渝，这是他们的天性，就算是因此而失去了生命也在所不惜。坚持理想，目标如一方能成功，而才华超众、博学多闻者却未必能够如此。人们信任坚持者。他们可能会遭遇不幸、痛苦或者灾难，但是每个人都相信他们会最终取得胜利，因为人们知道任何事情都打不垮他们。人们经常会询问："他有耐心吗？他能坚持吗？"即使一个人才智平庸，只要他能够坚持，通常他会取得连天才都未必会得到的成功。

一家世界知名的大保险公司的经理说他最大的困难就是

如何挑选到好的代理人。

无数的人认为当他们什么事都做不好时,他们可以去做保险。这份工作不需要什么才华或者能力。但是这位经理告诉我说尽管他在挑选代理人时打足了预防针,最后只是偶尔会有一个人能够坚持下来。

他在挑选代理人时会考验他们的勇气和决心。他不遗余力地打击他们,使他们不想进入这个行业。他列举了各种反对意见;告诉他们保险业是世界上最难成功的行业,虽然需要付出比其他行业更多的精力和耐力,最终相对来说很少人会成功。

很大一部分申请人会知难而退,认为自己天生不是做保险代理人的料。但是经理发现有一个人虽然备受打击却依然态度坚决,面对所有的困难都没有表露出怯懦。如果这个年轻人同时为人诚实、大方得体、善于言谈的话,经理认为他才会成为一名成功的代理人。

如果申请人有勇气有耐力,通常他们都会获胜。如果他缺乏这些品质,无论他其他方面如何优秀,他都将会失败。

一个著名的保险经理人说:“不懈地去追求成功同时又肯付出努力的人才是我们所需要的。我手下管理着几百人,他们中有些人非常成功,所赚的薪水比大多数职业经理人或生意人还多。这些人没有接受过高等教育,头脑也很平常,但是他们却非常努力。经验告诉我在职业竞赛中聪明与否只占到一成,而努力占到九成。”

今天，人们最需要的除了诚实以外，还有耐力。雇主寻找它，人们信任它，而拥有它的人通常都会成功。整个世界都会为他让路，他把那些虽然能力超过他但是耐力不如他的人远远地甩在了后面。

空有决心但是却不努力是毫无用处的。有的人空有成名之心却不敢迈步向前，这种人是不会获得机会的。但是如果一个人能够迅速果断地行动，人们会本能地为他让路，让他前行。

获胜之心绝不动摇，即使身处绝境也要坚持。很多成功人士因为自己坚持不懈的品质而闻名全世界。

身处顺境、阳光普照、朋友云集时能够做到坚强勇敢是很容易的。但是身处逆境，一无所有之际仍然能做到内心平衡，需要莫大的勇气和坚强的性格。

缺乏持久力是大多数年轻人失败的主因。不能坚持到终点的人的数量是惊人的。他们可以使用一时蛮力，可以突然用力，但是他们却没有持久力。他们缺乏勇气，动辄就失去信心。万事大吉时他们进展顺利，但是一旦出现阻力或者摩擦，他们便心灰意冷，萎靡不振。

这种人一定要依靠一个强者才能够获取力量。如果总是有人在旁边给他加油鼓劲，他们便会成就非凡。缺乏了持久力他们便显得后劲不足。他们没有支撑，无法独立。如果沉浸在热情的气氛中他们便会受到感染，但是这种热情很快就会消失，而他们自身无法产生任何的热情。他们只敢跟在别人的后面做事，凡事都保守，丝毫不敢独自行动。

有所成就者通常都不惧险阻，他们的身体里流淌着坚强的血液。

我们认识很多优秀的人，他们杰出、和善，可是最终却没能取得与他们实力相匹配的成功，原因就在于他们缺乏耐力。他们温顺、平庸，他们缺乏成功所需要的勇气、动力与原创力。

积极的人会成为领导，进取的人会走到前沿。他们绝不会虚度光阴，拖人后腿。他们做事主动，不畏险阻，奋勇向前。

想成功，第一步就要告诉世人你不是墙头草，你具有稳定性。尽早地建立好的名声，要让你的朋友们知道无论有什么困难只要你决定去做就一定会坚持到底。

一旦你坚持不懈、决策果断、毫不动摇，整个世界都会为你让路。但是一旦你做事随便、左右摇摆、柔弱不堪，别人便会把你踩到脚下、挤到墙角。

如果做事果断，有始有终，意志坚定并且积极进取，那么不但会功成名就而且会得到社会的信任和尊敬。人们相信这些人，因为他们不会犹豫不决、临阵脱逃；相反，他们意志坚定，坚持目标，值得信赖。

最能够得到人们尊敬和赞赏的品质莫过于目标明确，始终如一。

第9讲

先干点别的

有个年轻人写信给我，说他很想学习法律但是他决定先暂时做点别的事情试一试。这种想法使很多年轻人成功的希望化为泡影。一个人可能会受环境所迫而去做一些自己根本不喜欢甚至是非常厌恶的事情，结果就只能不断地变换工作，打一枪换一个地方，最后那些本应该用于接受教育或者培训的宝贵年华流逝了。这种做法无异于自取灭亡。

年轻人不懂得动力的价值。动力具有神奇的力量，使我们的力量得到成倍的增长。而动力来自在某个特殊的行业坚持不懈的努力和多年来在某件事情上进行的自我训练。动力就像是雪球一样，在滚动中越变越大。

人生宏伟目标之一就是要去积累在某个行业中可能得到的点点滴滴的经验。随着工作效率的提高，自身价值也会得到提升。不断地重复着同一件事情，最后会从一个无知之辈变成能工巧匠。

年轻人,如果你想做一名律师就不要“暂时”地去试试其他事情。完成你的普通教育之后,将全部的力量、全部的热情都用在法律上,下决心去掌握所有关于法律的知识吧。在法庭上要做一个佼佼者,不要满足于做一名廉价的律师。如果你觉得自己生来就适合做律师,那么去了解一点点农业知识、一点点木工技术、一点点土木工程知识,然后再了解一点点的法律常识,对你来说有什么用呢?要做真正的律师,做在社会上举足轻重的律师而不是去做某个律师的翻版或者复制品。

“时间被很用心地浪费掉”,这句话适用于那些在清醒状态下却一无所获的人。对于他们来说,稍有闲暇是件很危险的事情。无所事事并不是最坏的,没事瞎忙——天马行空但却毫无头绪——通常要比什么都不做更糟糕。

这种人终日操劳奔波但却徒劳无功,如同一扇转门不停地转动却仍然停留在原地。他终日忙碌却毫无成效;他说得很多却空泛无物;他手头揽事过多却没有一件事得心应手。这种人和游手好闲者一样不务正业。

谨记“流走了的水不能使磨盘转动”。在开始时你可能有一些体力,你可以做农民、教师、律师、医生或者销售员。但是如果你体能的水库出现了许多裂口,你的储备被排尽,你会吃惊地发现使人生磨盘转动的水量变得如此之少了。

歌德有一句箴言:“无论身处何地,务必全力以赴。”这对那些无法专心做事的人来说应该是个很好的警示。

很多头绪过多、忙东忙西的人就像是一条布满漏洞的大坝,水流光了转轮也没有转动,磨坊的活儿一点没做。他们的精力过于泛滥,最终一无所获。

务必要保存体力。有一个非常有前途的大公司的年轻经理拒绝担任两家大银行的领导职位。他说,之所以会拒绝,是因为如果目标过于分散,他就无法获得很大的成就。

脑力上出现的每一个漏点都会减少在磨轮上流过的水量。其中胡思乱想是最微妙也是最危险的一种,它会严重地影响人们的工作效率。懊恼悔恨、莫名担忧、无谓嫉妒以及徒劳无功都是漏点,它们正在逐渐地消耗着我们的能量。

如果一个人年轻时没能学会如何集中力量、全神贯注,那么他永远不会取得非凡的成就。同时从事许多件事情对人生的消耗是惊人的。没有人可以强大到足以分身无数。人们能越早地认识到这一点就能越快地成为社会的有用之才。

有些人要不是整天东一榔头西一锤子本来是可以成功的。他们不能集中精力,所做的努力也都支离破碎,这样又何谈成功?成功要求人们务必目标始终如一。蚂蚁驮着比自己体重大得多的谷粒去爬高墙,经过无数次的失败终于爬到了顶部,这对于所有人来说都很具有教育意义。

能够集中力量、坚定不移的人才能够到达墙壁的顶部。他们知道成功不能一蹴而就。只有坚持不懈、不改初衷、不懈努力才能夺取人生战役的胜利。

无论多么才智超群、心思缜密、多才多艺，如果一个人不能做到集中精力、持之以恒，他的才能对他来说将一无用处。

纵使天才也不能均衡发展全部的潜能。在这个竞争的社会，样样通的人往往样样松，事事都将无功而返。他不能成为任何一个行业的专家，反倒在很多的行业里成了平庸之辈。

园艺工人会剪掉许多嫩芽和枝杈，暂时来看这似乎是很大的一笔损失。但是他知道为了树木或作物本身未来的发展，这些浪费是必要的。经验告诉他：不经过修剪的树木只能结出干瘪瘦小的果实，因为本来可以结出汁多味美、甘甜如饴果实的树枝没能得到充足的养分。

种花的人会发现有些花蕾虽然最终会开出花朵，但是这些花朵姿色平平、貌不惊人，所以必须摘掉。这样营养就不会被分散掉，最终可以培养出相对来说数量很少但是却朵朵精品的鲜花来。

菊花如果无人料理就会变得枝叶横生、低矮猥琐，既不美艳也无香气。但是如果加以修剪，却能开出硕大、美艳至极的花来。许多年轻人虽然“开花无数”，但在生命的后期却毫无成就，皆因为他们从不进行修剪，却一心指望所有的花蕾最后都会结出硕果。

成功的唯一希望就是要目标专一，将所有的力量集中到一个点上，因为没有人的体力和时间会充裕到足以在许多领域里硕果累累。

要想出类拔萃，先要去除多余的枝蔓。如果同时有两个目标那么就要无情地挥动剪刀。

普通人失败的原因不仅仅是缺乏能力，更多的是无法做到专心。他们精力分散而无擅长之处。他略懂音乐，知晓一点演讲，房地产也略知一二，农业也有所涉猎，法律懂得一点，书也教过一段，他爱好写诗还给某些期刊撰过稿。换句话说，他们在挥霍着自己的精力。如果他在年轻时就牺牲掉一些爱好，把分散精力的芽孢剪掉，将全部的营养都输送给一条根茎，他就有可能结出震惊世界的丰硕的果实。

通常仅有一技之长的人反倒比多才多艺者更易成功。一技之长的人更能够集中精力。为了避免失败或者沦为平庸，他们不断地向自己唯一的目标奋勇前进，最后反倒有所成就。多才多艺反而可能牵扯精力，面面俱到者终将一无所成。

这是一个竞争与分工精细的年代，如果不能集中火力几乎没有人能够成功。一知半解、东奔西跑什么都做的人毫无希望。专心、专业、专一，人们才会获胜。

当代年轻人要想成功就要经过专门的训练，从来没有像现在这样要求人们具有专门的知识。各行各业都在趋于专业，人们要想出人头地，就务必首先是名专家。杂而不精者没有立足之地。年轻人必须完全通晓自己所从事的工作，否则将出头无望。另外，从来没有像现在这样为各行业的专家们提供了如此丰厚的薪酬和优越的条件。

如果可以做到统筹精力、排除干扰，如果任何侧光都不能使你转移视线或者改变目标，那么你就已经从专心致志中获得了力量。

第 10 讲

改变，更待何时

杰出的银行家利瓦伊·莫顿在 1888 年当选了美国副总统。1893 年夏的某一天，莫顿正坐在华盛顿的旅馆里和当时的农业部长交谈，部长问："莫顿先生，是什么使你放弃了自己的纺织行业？"

"是爱默生。"莫顿简单地回答道。

"你指的是什么？"威尔逊先生问。

"是这样的。三十年前在做纺织品期间我被压得喘不过气来。外债数额庞大，日子过得很艰难。这时，我读了一本爱默生的书。书中的一些话深深地触动了我，从此改变了我人生的轨迹。爱默生说：'如果你手中握有人们需要的东西，即使你身居丛林，人们也会前往探望。'

"那时候虽然我一直信用不错，但是和其他商人一样有时要从银行贷款。所以我当时认为世上唯一有价值的东西就是现金。爱默生的话使我开始思考。不久我意识到现金就是人们最需要的。虽然人们有时需要纺织品,可是他们永远需要金钱。钱可以买到服装、食物、舒适和满足。人类的历史证明为了金钱人们不仅能够进入丛林,甚至可以为了它而不惜跋山涉水。

"于是我开始从事银行业,办理抵押贷款。我发现以前是我在寻找客户,现在是客户在找我。对于睿智的话语仁者见仁智者见智,经过个人诠释之后再采取行动才有可能获得成功。"

我们认识很多不思改变、一条路走到黑、最后以失败告终的人。虽然他们兢兢业业、追求成功,但是终其一生却失败连连。究其原因就在于他们不得其所,又不敢面对现实作出改变。如果你费时费力却仍然不能如愿以偿,那么可以肯定你一定是选错了行业。这时的你就如同一条在沙滩上费力游泳的鱼。天生我材必有用。仔细地审视自身,了解自己的喜好,如果你身处于一条死胡同里,就不要将生命浪费在那里。一定要尽力找到自己合适的位置。

如果你在一个岗位上待的时间足够长但仍然毫无收获,就停止自我摧残吧。别再把"滚石不生苔,转行不聚财"作为自己的座右铭了。是考虑另一条谚语的时候了:勤换牧场,牛肥马壮。别再做一辈子三流教员了,一定是哪里出了差错。你做了糟糕的教员也毁了一个优秀的农夫。如果你从事法律十多年却仍然不能过一种体面的生活,很有可能是你选错了行业,你也许更适合做一名修理工。

不要突然地作出改变。通常人们可以一边做一种工作一边考虑另一种可能。美国西部很多成功的伐木工人可能 40 岁前还是名牧师。也有很多人在这个年龄才转行做了牧师。当他放弃讲坛拿起电锯，他就作出了正确的选择。他曾经选错了行业，但是他及时发现了错误并加以改正。毫无疑问，很多律师也许更适合做伐木工作，而许多伐木工人也许更适合做受人尊敬的律师。如果你确信入错了行，就一定要及时更正，亡羊补牢为时不晚。

有多少年轻人站错岗、入错行，人生一塌糊涂。如果选对了行业，他们也许会得到很快的发展。但是由于不得其所，他们自我摧残、自身受困、怨气冲天，心中不断地盘算着也许自己会更适合其他的领域。

一棵橡子如果条件适宜本来可以长成参天大树，但是由于不得其所只能长成低矮的灌木。加利福尼亚松高耸入云，身高几百英尺，但是一旦土壤和气候都不适宜，它最终只能变得矮小而多瘤。

仅仅因为第一步迈错就一生受限，这是件多么不幸的事情啊！如果人们可以找到适合自己的位置，他的信心会得到增强，他压抑的能力会得以复苏。他的理想开始飞翔，他也会第一次觉得自己的人生充满了意义。

第11讲

仪表风度

许多年轻人没能学会彬彬有礼、温文尔雅的艺术，结果失去了本应该属于自己的成功。年轻人走路时步伐拖沓，双臂无力下垂，根本无法给自己的上司留下好的印象。管理者们一直都在从头到脚地打量着自己的员工，留意着他们走进办公室时的步态、体态和神态，有时候一些微小的事情就会影响到他们的决定。

如果人们在和雇主交谈的过程中能够知道雇主心中在想什么的话，他一定会受益匪浅。但是不幸的是人们往往不了解是什么因素使得自己职场不顺。也许是你游移、鬼祟的目光在告诉对方你缺乏自制力；也许是你不敢直视对方；也许是你谈话时不停地摆弄帽子；也许是发黄的衣领或者袖口；也许是凌乱的头发或者长期不修剪的指甲；也许是布满皱褶的西装；也许是一支烟或者其他许多会影响别人决定的小事——当人们的整个事业和人生的成败都悬于一线时，没有什么事情能够说是小事。

邋遢、懒散和拖沓的步伐往往表明这个人道德观的松弛以及做事不认真的态度。雇主们习惯看到手下人步履轻盈、说话干脆、回答问题干净利索，这些都表明这个人聪明、警觉、反应快，而不想看到自己的员工迟钝、木讷、不修边幅的样子。

聪明、欢快、警觉、迅速、思维敏捷、举止优雅的人会很快受到重视并且掌握局势。相反，为人呆板、不修边幅，即使天赋异禀也未必会受人待见。

剪裁得体、量身定制的衣服是重要的。衣服材质好、剪裁好、得体合身，着装者的自信心会不断增加，自我感觉异常良好。

一件邋遢、皱褶的衣服会让心地最善良的人看起来也略带一点邪恶。服装的款式和质量也会影响人们工作的质量。良好的着装使人获得某种优越感。女性尤其如此。很多魅力女郎一旦换上日常着装，连自己都会手足无措，无所适从。

衣着得体、感觉良好会让人们很乐于开口表达。别的地方也许应该提倡节俭，但是购置衣物的钱一定不要太吝啬。

人们对巧妙的广告宣传大加赞誉。但有一个事实不容忽视：人的个性和公司本身就是最好的公告。

一个曾经认真研究过这个问题的人说："我认为干净的办公场所、整洁的衣着和保养得当的手和指甲抵得上50%的商业投资。”如果这些再加上良好的脾气、礼貌待客、服务快捷和提供顾客所需——哪怕只是廉价的商品，哪怕不得不送货上门——这些都抵得上他100%的投资。

这一点对于城市和乡村的商业都适用。城乡间的交通高度发达，即使身居城外也有许多可以选择的购物场所。很明显，如果乡村的店铺想要留住顾客，必须要像城里的店铺一样整洁，店主也要同样做到服务快捷、和蔼可亲和乐于助人。

第 12 讲

礼仪也是资本

除了正直和自信以外，没有什么对年轻人事业成功的帮助会大过良好的礼仪——彬彬有礼、温文尔雅。在条件相仿的情况下，申请同一个职位的两个人中，一定是更懂礼貌的那个人胜出。举止粗俗无礼会令人侧目，人们对其避之唯恐不及。彬彬有礼的人即使是相貌丑陋、肢体畸形，也会比那些虽然面容姣好、身体强健但举止唐突、鲁莽的人更容易获得他人的好感。

许多人虽然才艺平平但为人礼貌，结果成功地积累了大量的财富。很多医生的成功和良好的名声都离不开朋友和病人的口口相传、大力推荐。友善温和，替人着想，最重要的是待人礼貌，这是许多律师、牧师、商人、工匠和各阶层、各行业的人获得成功的原因。

乔治·皮巴蒂在商店做店员的时候，当店里没有顾客需要的货物时，他甚至带着这位上了年纪的女顾客到别的店铺去购买。后来，当这个女顾客去世后，他的礼貌待客在女顾客的遗嘱中得到了物质的回报。

我曾经认识一个穷小子，他刚开始做生意时店面小、资金少。但是他为人礼貌、乐于助人、办事认真，很快就受到了人们的关注。当女士们驾车来到他的小店时，他会搀扶着她们下车，把马拴到阴凉处，如果是冬天，还会给马盖上毯子。他竭尽全力使顾客满意，很多顾客甚至慕名远道而来，销量不断地增大，他的店成了方圆几英里内生意最好的店铺。

许多商家因有讨人喜欢、彬彬有礼的店员而因此大获成功。事实上，这些公司全都依仗着这些人，一旦这些人离开，大量的生意也会随他们而去。顾客们非常忠实于这些店员，一旦他们变换工作，这些顾客也会随之离开。

巴黎最大的百货公司——玻马舍百货公司实际上就是由于创始人的友好待客和彬彬有礼而逐步发展壮大的。纽约著名的杂货商帕克·蒂尔福德也属于这种情况。

在公司发展期间一定要对雇员精挑细选。每一个销售人员都应该待人礼貌。礼貌待客应该是每个经营有道的店铺的首要要求。而教会员工礼貌待客的最好的方法就是要以身作则。对员工不要过于苛刻或者严厉。要让员工觉得自己是公司的重要成员，公司需要他们的服务。尽一切可能使员工感到舒适和自在。友善比严厉更能够让生意长久发展。得到良好待遇的员工会很好地为公司做宣传。他们会和别人谈论公司，告诉他人老板对自己的态度。不要小视这一点，这非常重要。

好的销售人员要富有同情心，友善并且善于社交。他们的友好是自然流露出来的，因此比那些勉强的表情更能够赢得好感。销售员要做到彬彬有礼、有求必应，即使受到刁难、冤枉也要对雇主忠诚，对顾客礼貌。大公司要求员工对顾客殷勤但不能强买强卖；员工要清楚每一位来店者都是公司的客人，无论是否购买，都应该得到礼遇。销售人员代表着公司的形象，应该不遗余力地去树立店家和公众间的良好关系。

有许多人年轻时没有学会礼节，不懂得文雅、得体，结果一生都深受其害。他们为人粗俗，举止令人生厌，无法赢得他人好感或者为自己招揽生意。换句话说，糟糕的举止使他们的发展受限、事业受阻。

小时候学会讲礼貌，长大后就会很有人缘。在其他条件相仿的情况下，受到提升的雇员一定举止优雅、行为得体、风度翩翩。它们是你的资本，甚至比金钱更有价值。讨人喜欢，再加上受过良好的教育、才华横溢的人更容易成功；而为人粗野、心地不良的人即使手中握有资金也注定要失败。我们到处都能看到年轻人因为举止优雅而领取着丰厚的薪水。公司需要这些举止文雅的人在重要的职位上发挥作用。好的气质是必不可少的素质，没有什么会比它更能打开机会的大门。

礼节对于商家和社会而言就如同机油对于机器，它使一切进展顺利，没有阻碍、没有摩擦、没有噪声。

如果人人可以遵守礼仪，每个人都友好、善意、热心，整个社会将成为一块安乐之地。

良好的修养会陶冶人们的性情，提升道德品质，使整个社会没有摩擦、没有挫折而变得更加和谐。

第13讲

神经敏感与事业成功

很多人天生就很怕见生人。如果他们想成为成功的商人就必须克服这种情绪。许多人因为过于敏感使得事业止步不前。我认识的很多年轻人都能干、称职、有学问，但是却对任何建议或批评都异常敏感，结果事业一直没有达到应有的高度。无论是在办公室、工厂、商店还是其他地方，他们都觉得有人在嘲笑他们而备受伤害。他们总是伤痕累累，不仅自己不开心，工作的效率也受到了很大的影响。

过度敏感的人通常细腻、严谨、聪明，要是他们能够克服这个缺点就能成为勤勤恳恳、一丝不苟的员工。但这是一个很严重的缺点，虽然不等同于自我主义或者自负自大，但是却说明自我意识过于强烈，一叶障目不见森林。这种人无论走到哪里都觉得人们在看着自己、谈论自己，觉得大家的目光都在自己的身上，在评论他、取笑他；而实际上人们可能根本就没有注意到他。

过于敏感的人不但心情不佳、成功无望，同时健康也会受损，因为一旦和谐不再，健康也就不在。要想成为一个健全的人就要有自知之明，当然不是在消极方面的自知，他要蔑视一切批评和嘲笑。当有人告诉第欧根尼他被人挖苦的时候，他却说："我根本没有被挖苦啊。"他认为只有被嘲笑击中并深受其害的人才能算得上是被嘲笑的。

克服病态的敏感的最好的办法就是自由与人相处，对自己的能力和智慧持客观的看法，忘我地工作。只有忘掉自我才可能维持自己的最佳状态。要想克服这个成功最大的劲敌，就要有坚强的意志和不屈不挠的决心。亡羊补牢为时未晚，很多深受其害的人通过多年的努力克服了这一缺点，最终取得了胜利。

优雅的举止和端庄的姿态主要取决于人们的心理和自信心。害羞和敏感的人过于关注别人的看法因而总是难免尴尬难堪。他们总是疑神疑鬼，怀疑自己被人关注，为人取笑。

解决问题的第一步就是要消除自我意识，为人轻松自然，这样难堪和不雅的举止也会随之消失。怀特利大主教天生羞涩、敏感、疑神疑鬼，忍受着难以名状的痛苦却无计可施。后来，他下定决心不去理会他人的看法，不为他人的评论所左右，也不去空想周围有无数双眼睛盯着自己，最后他克服了这个缺陷。

第14讲

恼人的怪癖

微小的事情也会影响人们的升迁。一些诸如服装、衣领、袖口、指甲和头发等细节，说话时不经意的表情，乱用俚语，说话时不敢抬头，忘记脱帽，手拿香烟，全身烟味或者一些其他粗鲁、无礼的迹象以及许许多多微不足道的小毛病成了很多年轻人前进道路上的绊脚石。

形形色色的怪癖阻碍着年轻人的发展。年轻人通常意识不到良好的举止对成功的影响。每个人都希望自己身边的人脾气温和、行为得体而不是粗俗、怪异、不合群。我们都向往阳光而摒弃阴暗、潮湿的场所以及不舒适、不和谐的环境。

即使才华横溢也抵消不了讨厌的怪癖的负面影响。很多年轻人受过良好的教育，有能力、有经验却保不住自己的饭碗。原因就在于他们有着令人讨厌的怪癖或者举止而雇主又不好明说，于是就随便找个借口把他们打发掉了，再找一个比较可心的人来代替。

雇主们可不想留怪僻、郁闷、忧郁的人在自己身边。他们喜欢聪明、乐观、开朗、阳光的员工。言语刻薄、冷嘲热讽、找碴闹事的人在集体中很难吃得开。

有些人固执、任性、冥顽不化，他们坚持己见、自私自利；有的人自我本位、自负自大，他们自吹自擂、邀功请赏。这些人都没有立足之地。

搬弄是非、造谣生事、乱嚼舌根，在员工间挑拨离间的人也永远不受欢迎。

令人们生意或者事业受挫的往往不是什么了不起的大事而是他自己都不屑一顾的琐事。障碍之一就是不和蔼可亲。有多少销售人员因为急躁、傲慢、缺乏冷静而失去了大笔生意！有多少编辑由于不热情、脾气暴躁而失去了众多投稿人、出版商和发行人！有多少旅店老板或服务生因为举止草率、待人冷漠而失去了大量的顾客！

但是如果我们简单地把友善看成是获取物质成功的因素又会过于狭隘。在家里、在街上、在商店、在学校、在办公室、在市场，只要有它的地方就会给人们带来幸福、欢乐。从这一点来讲，它的价值就不仅仅是帮助人们成功、带给人们物质财富。

年轻人一定要留意那些可能使他们成功概率降低的细节。比如说，双手或者肌肉不自然地抽搐、手指不停地摸索、两只手不停地摆弄东西、奇怪的动作、随意的站姿或坐姿、无精打采的步态、尖酸刻薄的言论，这一切都会影响人们成功的可能性。

许多人脑子反应快、身体好，本应该前途光明，却因为言谈举止的怪异而最终无功而返。这些怪异的举止本身也许并没有什么不对，但是却令交往的对方心生厌恶或避而远之。

如果我们把影响成功的细节记录下来，并且分析它们对成功所产生的影响，将会大有裨益。

如果一个年轻人脾气暴躁、性情怪僻，他成功的概率就减少了25％。不修边幅、外表邋遢的年轻人以及嘴尖牙利、口不饶人的年轻人的情况也是如此。

很多优秀的速记员虽能干却得不到提拔，原因就是他的雇主受不了他的某个恼人的坏习惯。雇主很清楚他很有能力但是却宁愿雇用一个能力比他稍差一点的人，因为那个人亲切和蔼、讨人喜欢。那些缺乏亲切、友善的人连自己都弄不懂为什么事业总是止步不前。

我们在无意识中形成的讨厌的、伤人的、愚蠢的习惯经常会成为前进的最大障碍。年轻人要经常清点自己成功的资本，仔细、公正地审视自身来找出可能使自己发展受困、前途受阻的坏习惯或怪癖。要经过严格的自检发现自己的缺点并加以改正，不要等人到中年后扼腕叹息空悲叹。

第15讲

无能之辈

整天游手好闲、胸无大志、坐没坐相站没站相、无精打采、松松垮垮的年轻人是无药可医的。他所写的每一封信、所做的每一件事、所说的每一句话和身体的每一个动作都能表现出他的无能。

无能是一种病，唯有用冒险式疗法方可治愈。有时候当无能的人被置于孤立无援、走投无路、叫天天不应之地时，他们反倒能够使出浑身的解数，重新开始自己的人生。

我们要警告年轻人提防这种病，因为它极具传染性。它会在整个家庭、学校和社区蔓延。在小镇里随处可见得过且过的景象，在乡村也可见篱笆倒塌、田里杂草丛生、谷仓和房屋年久失修的情景——总之，满眼颓废，满目凄凉。

远离那些做事潦草、胸无大志的人，就像是躲开患有天花的病人一样。他患有道德上的恶疾，会令生命枯萎。

优柔寡断、犹豫不决的人会迅速把毛病传染给周围的人。他的手下也会变得像他一样。他不清楚自己要做什么，总是左右摇摆。当然他的手下是不会为他拿主意的。公司的事务一拖再拖，所有的事情做起来都慢半拍。命令得不到执行，信件只写了一半，维修也迟迟得不到批准，到处都是消极的气氛。员工不了解领导的意图，领导动辄就对员工发脾气。

优柔寡断最能消磨人的意志，不利于人的道德建设。这种人不断地权衡、琢磨却迟迟不作决定。他们很快就会丧失决策力，不再相信自己的判断并且对周围的环境失去了控制。他们不表态、不拍板，凡事都消极悲观，从不相信自己的能力。而果断的人乐观处世，深受人们信任。你绝不会把他们当作弱者。他们了解自己的想法并且敢于表达；他们了解自己该做什么，并且会马上动手。

在电影《小牧师》中有一个人物，他告诉别人说他要把那棵碍事的树砍掉。但是他迟迟没有动手，树木越长越高大，他也上了年纪。他说："我老了，可是我一直没有找到斧子。"有位艺术家想要画圣母玛利亚，他热情地和朋友谈论他的想法，但是有时是因为他的心情，有时是因为光线，有时是因为人物的姿势，总之总是不合他意，他迟迟没有提笔。他脑子里不停地想着这件事，什么也做不了。当死亡来临时，他懊悔不已，自己脑海中如此辉煌的画面没能够呈现在画布上，没能够震惊世人令自己功成名就。

人生最悲惨的事情之一就是人们总是思前想后却迟迟不能得出结论，在迟疑不决中错过了人生的精彩。

做事三心二意、没有热情、没有信心的人注定会是个失败者。

要热情洋溢、坚持不懈、不畏险阻、坚持理想，否则必将一事无成。懦弱、犹豫、敷衍者谈何理想和热情，更谈何他人的信任。没有他人的信任，成功将无从谈起。而信任只属于积极乐观、精力充沛、郑重其事的人。

凡事务必全心全意对待。即使是写信或是日常琐事也定要全力以赴。懒散的习惯一旦养成，人们将终生受害。

世间有多少人整天自怨自艾，感叹时运不济。而事事不用心才是他们失败的真正原因。他们做不到全心投入，只是如蜻蜓点水般浅尝辄止。他们心不在焉、三心二意、半途而废；他们在困难面前退缩，所做的努力也都付之东流。

意志力、动力和良好的判断力在成功的道路上缺一不可。满怀热情、志向高远、头脑灵活的人才能够站在前沿，不断进步。

我们见到很多人漫无目的、随波逐流。他们被意志更坚定、体力更充沛的人所取代；他们心灰意冷、止步不前，于是只能顺流而下，搁浅在人生的海滩上。

年轻人失去理想是一件很危险的事。他们只能顺流而下，碌碌无为。他们虚度光阴，无力前行。胸无大志，生命也随之枯萎。让这些年轻人认清自己的绝望处境会更加打击他们的锐气。涉世伊始他们还满怀抱负，但是挫折接踵而至，压弯了他们的脊梁，他们躺在地上再无力跃起。

当然，有许多人停止前进不是因为自身的问题，而是看到他们身边的大多数人由于自身的懦弱或缺陷而止步不前（往往是成功在望之际）；还有一些人是缺乏勇气和意志力。这些可怜虫只要稍稍坚持一下自己的理想，本来是可以尝到成功的滋味的。

第16讲

决策力

今天具有创造力的年轻人是很抢手的。太多的人每天只是循规蹈矩、照本宣科，步人后尘；而具有创造力的人却敢于闯入无人的荒野开天辟地。这种人珍贵而罕见。

善于思考、独出心裁、富有创造力的人备受重视。保险公司、公司老板、大集团都对这样的人求贤若渴。法律界、商界、科学界，生活中的各行各业都需要这样的人。

果断决策的人的成功概率要远远高于那些犹豫不决、优柔寡断的人。拒绝思前想后、左右摇摆，要么当机立断要么损耗力量。

年轻人最怕的就是不断地权衡、比对、左思右想、左右为难，最后搞得自己思路混乱，脑子里一团糟。这种习惯不但消耗着人们的脑力，同时也注定难逃惨败的厄运。

年轻人要想成功就必须坚决果断，宁可犯错误也不要翻来覆去，犹豫不决。当然拿定主意并不等于匆忙动手或者不作充分的准备。他要准确判断，作出决定然后就毫不犹豫，全力去执行。即使失败也不心灰意冷，因为吃一堑长一智。就他个人而言，在自主、果断的决策中所获得的经验要比经过不断地权衡、比对、思前想后、左右摇摆最后向前迈出的哪怕是成功的一步意义要大得多。

许多人才华横溢但最终一事无成，就是因为他们缺乏决策力。他们无法独立做主，哪怕是再简单的事情也要向别人征求意见。他们思前想后最后搞得自己头昏脑涨。想得越多、得到的建议越多反倒使自己更加拿不定主意。观其一生，他们踌躇、犹豫、动摇、不坚决、不果断，纵有满腹的才华，成功对于他们也是可望而不可及的。

把握时机果断出击才有可能成就一番大业。做事要目标明确、情况清楚、不怀疑、不犹豫，只有这样才可能实现目标，成就梦想。

成功者未必要把自己弄得历尽千辛、呕心沥血。以 J. P. 摩根为例，当他在执行庞大的计划时似乎是信手拈来、不费吹灰之力。因为思路清晰、洞悉全局，他可以轻而易举地达到目的。

在造船厂凸轮的作用下钢具在钢板上平滑运动，就像是厨师手里的面团一样，其原理就在于巨大的平衡轮所产生的强大动力使得机器可以在克服障碍的同时又不会产生碾轧或磨损。

杰出的人物之所以取得巨大成就，是因为他们有非凡的智力、理解力和对复杂局势的把握所产生的动力。

这种人首先必须独立、自主和自信。他们不会碰到一个人就向对方询问建议。他们不会老是征求手下人或同级人的看法；他们仔细观察、认真研究，就像是将军在大战前认真研究作战计划一样，随后便果断出击。

智力超凡、决策力强的人总是自信乐观。他们了解自己所需，绝不两面倒。他们绝不会在犹豫不决、斤斤计较中浪费自己的时间。他们一旦决定行动方案就会毫不犹豫地去执行。比较具有代表性的是英国伟大军人、我们时代的佼佼者基钦纳将军。这个谜一样的人沉默寡言、一脸严肃、不近人情，是一位战功无数的英雄。他独立制订计划，然后精确、大力地加以推行。在南非战役期间，有一天他决定远征，而事先只有他的参谋长知道这个计划。他调来了一辆火车、一辆货车，又带上了一车士兵，然后下令清理道路，所有的事情都要为他让路。事先不容许电报通知，他会突然到达某地。部队里的将军们都不清楚他会在何时何地出现。

南非战役期间发生的另一件事也很能表现他的特点。某天早上六点钟时，他突然造访位于开普敦的纳尔逊山旅馆，翻阅那里的住店记录，寻找当天应该值班的军官的名字。他一句话也没说就走到了这些军官的房间留下一张字条："早上 10 点钟有通往前线的特别列车；下午 4 点钟有去英国的运兵船。请赶快作出决定。”他不听任何解释或者道歉。这是他的最后通牒，每个军官都清楚他话的含意。

他自信、坚定，经得起任何的考验，对手下人行使绝对的权威。他厌恶虚荣和奉承，蔑视世俗荣誉和华而不实。他天生充满了力量，做起事来无声无息却又雷厉风行、速战速决。

这位常胜将军并不总是很讨人喜欢。他的手下对他也是怕多于爱。但是，他超乎寻常的自信、专注、坚决、果断、迅速和英明，却是每一个追求成功的人所应该具有的。

第17讲

商业训练的意义

商业位于各行业之首。一般的职业或者专业容易使人发展受限、压制个性、泯灭创造力。自然界排斥不均衡的发展，那些只在某一个方面受训的人最终会付出惨重的代价。自然所追求的是全面、系统的发展。在这方面商业就比其他的行业具有优势。它可以使人得以全方位地开发。通常，为人可靠、头脑冷静的人都是商人。他们所受的教育全面，并且善于抓住一切可能的机会。任何的培训如果不是对人的感官进行全面的开发就终将适得其反。相对于全面发展的商人而言，行业专家和职业人士的常识要少得多。现在一半的大学毕业生都选择了经商。不久前一半左右大学毕业生还是很青睐法律的，因为进入这样比较有学识的行业会受到人们的追捧。如果有人毕业后想要经商则需要莫大的勇气。半个世纪以前，商业还不是个热门的行业；但是随着文明的发展和商业的不断进步，从商成了人们的首选,商界中到处都有人取得非凡的成绩。

虽然进入商界没有什么特别的门槛,但有必要指出的是:一个人的知识面越是开阔他的机会就会越多。从商之前最好能在某个相关的公司里先获得些第一手的经验。年纪尚小时就开始经商,一步一步地从底层做起,这样就能积累大量的实用工作技能。只有经受得住层层筛选的人才能最终获胜。一位成功的商人说:"在我的公司里几乎每个人都是从底层做起的。他们为了公司的发展而努力奋斗,最后自己也会得到进步,这是永恒不变的真理。涉世不深的年轻人明白了这一点,他们的前途也就有了保障。通常来我们这里应聘的年轻人只要条件符合,我们都会给他们一个岗位。"

到处受欢迎的年轻人应该是清楚每一个环节、对整个过程一清二楚的人。雇主们希望自己的手下人做到洞察局势、勤奋刻苦、意志坚定,可以准确无误、精力充沛、快速敏捷地执行方案。不断地去磨炼、坚持不懈地付出才可能取得成功。刚刚涉商的年轻人不能姑息一丝一毫的影响对全局把握的缺陷。没有什么要素能够忽视,没有什么苦难不能承担,没有什么困难不能克服。

我们总是看到年轻人不愿意为成功付出辛苦,他们只品尝工作带给他们的甜头,而逃避工作中的艰辛、丑陋和讨厌的部分。这就如同是一群士兵穿越了敌占区,身后却留下一个个未征服的堡垒,结果只能是不断地腹背受敌,眼看着自己人一个个地被打死。要想确保胜利就要斩草除根,不留后患。不肯吃苦的心理一定要克服。

许多失败者的墓碑上应该刻上这样的碑文:“因为准备不足而终被淘汰。”在很多地方都能找到这样的人,他们偃旗息鼓、功败垂成,就是因为年轻时没有做好充分的准备。

在华盛顿的专利局存有大量的处于发明初期的作品,由于专利令人知晓使其最终毫无用处。空有发明的才能却不具备可以使其再向前迈出一步的技术知识,再好的想法也只能流于空谈。职业介绍所被寻找工作的年轻人挤得满满的,他们体力充沛、身体健壮、头脑灵活。但是他们每一份工作都干不长,因为他们没有后劲,他们之前的准备不充分,每走一步都显示出不足。没有人愿意挽留他们,因为他们做任何事情都不完美、不彻底。

西班牙有句谚语:“不善观察的人走遍森林却找不到一根柴火。”一些年轻人也一样对身边发生的事情视而不见。年轻人在吸收知识的能力方面存在着惊人的差距。有的人在店里工作了许多年,但是对整个商业的运作一无所知,他不留心观察,而另一个男孩刚刚来了三个月就熟悉了店里的所有业务。

我认识一个在律师事务所工作的年轻人。他薪水微薄,但是在办公室工作三年后,他学到了大量的办事方法和法律知识,以至于后来只是稍稍在法律学校学习了一下,就被批准当上了律师。还有几个男孩在律师事务所干了很多年,但是什么也没有学到，整天呆头呆脑，领着微薄的薪水。一切都取决于男孩本人。当上律师的这个男孩就是为成功所生，他不断观察，把握全局，不断地积累知识，提高自身，修改做事方法，而其他男孩却恰恰相反。

我的公司里曾经有一位很杰出的年轻人，他待人真诚、忠于职守、诚实本分，可是他却一直得不到提升甚至工作都是勉强保住，就是因为他不懂得去广泛地猎取知识。他不接受新观点，一味地墨守成规，他向来很准时，从不游手好闲，但是他一点也没有学到新的知识，也丝毫没有进步或者提升。

公司里还有一些年轻人，他们对局势了然在胸。他们思维开放，进展神速。他们大量地吸收和运用知识。他们陶醉于知识的海洋，就像是饥渴的人陶醉于甜美的水一样。他们把公司当成了一个大学堂，在这里他们争当尖子生。

满怀抱负的年轻人要想有所成就，就要对所从事的业务完全而彻底地了解。他要瞪大眼睛，不放过任何蛛丝马迹；他要时刻警惕，随时吸收和接触新知识、新办法和新模式。

相对于可以学到知识而言，薪水的多少对于他来说就不是很关键。能够接触到业务流程、接触到相关负责人、可以学习具体的操作细节、学习和对比各种方式方法、了解雇主成功的秘诀——这一切对于他来说要比薪水重要好多倍。只要有机会学到知识，能够受到训练，他就心满意足了。

当他晚上回想一天发生的事情时，这个精明而有抱负的男孩知道他白日里眼睛所观察到的、他的思维所接收到的以及他自己推论出的最佳的经营之道，这一切的价值都要比白日里赚到的几美元贵重许多。一旦掌握了这些知识，在将来的某一天里他就有可能赚到现在一年的薪水。

掌握做事的方法才是至关重要的。

今天，有无数的年轻人身处商业中心——学习商业的最佳课堂——却仍然感叹自己薪水低、机遇少。如果他们能够睁大眼睛、开放思维，学会去观察事物、吸收知识，他们就不会抱怨“没有机会”或说什么自己时运不济的话了。他们要明白自己已经踏上了财富之路，只要持之以恒、不畏艰辛，最终一定会实现自己的目标。

第18讲

“走一步，看一步”

每每被问及工作进展如何时，年轻人经常会回答说“哦，走一步，看一步吧”，“糊口而已”，“维持现状”。这种说辞其实表明了他们停滞不前的状态。“维持现状”，“走一步，看一步”都不是创造生活、争取成功的积极人生态度。

你并不总是能够增加收入，改善物质生活条件，但是却可以不断地去积累生活的财富。

如果每个明天我们都能超越今天，那一定是因为我们总是在努力迈步向前。我们一定要用饱满的热情全身心地投入所从事的每件事情中。积极的心态一定会在工作中有所体现，而这又一定会使得我们不仅仅是维持现状。

世间伟绩、民族的胜利都不是由仅仅满足于维持现状或者“走一步，看一步”的人来完成的，成大业者们不达目的誓不罢休，用战无不胜的热情横扫拦在前面的一切，如同奔流入海的山间激流冲走、跳过任何阻挡其前进的障碍一样。

想象一位艺术家要画幅伟大的作品，他却心不在焉、三心二意，只使出了一丁点的力气，满足于每天“走一步，看一步”；设想某位诗人要创作不朽诗篇，某位作家要写出流芳百世的书籍，某位科学家希望找出某复杂问题的解决之道来造福人类，可是他们工作起来却无精打采，粗心大意，漫不经心，他们能成功吗？

霍勒斯·格里利说过：最好的作品来自精神饱满、热爱工作的手工艺人。这样的人有生活、有希望、有远大的前程。他不求不同，但求向前。“走一步，看一步”不是他的词汇。凭着坚强的意志力，他每日成长、进步，哪怕只是前进一小步，但是他进步了，这才是最主要的。他全身心投入工作当中，而这将使得他不再满足于仅仅维持现状。

要像奥莱·布尔演奏小提琴那样去工作。人们惊叹于他对乐器出神入化的演奏，却忘记了他幼年时对小提琴的迷恋。他们想象不到一个只有八岁的小男孩会在半夜溜下床来，冒着惹恼爸爸而招致鞭打的危险，只为让那把他珍爱无比的红色小提琴再次奏出那令他魂牵梦绕的旋律。当他长大成人，他常常对着小提琴讲话，抚摸它，将自己的灵魂融入其中。小提琴与他心意相通。他用小提琴打动人心，如同暴风雨撼动了整座森林；他用小提琴使数千人静下来，如同风中花香催人入眠。

如果没有这种对毕生事业的热情投入，奥莱·布尔会战胜父亲的惩罚和压迫，战胜贫穷、疾病和许多几乎难以想象的障碍，成为他那个年代最伟大的演奏家吗？

温水产生的能量永远也不能使火车前进一丝一毫。一个年轻人无论他的能力如何，如果他的努力和决心只达到了和温水差不多的程度，那么就会如同世间最好的火车的锅炉的水温没能一直保持在沸点一样，注定失败。

许多人从未完全地行动起来。你可以走进一家大商店或者工厂，观察在里面工作的人们。他们看起来那么身不由己，只有身体的一部分是醒着的。他们从未发现过自己的能力，认为只是稍稍做些事情就可以应付生活了，于是便满足于此，付出最少量的体力和脑力。

我们在生活中遇到的大多数人也都如此，似乎要朋友的一些逆耳忠言才会使他们完全地行动起来。他们不了解自己的真正实力，也从未深入探索，只是满足于自身零零散散表露出的技能，聊以满足每日所需。他们住在山谷，从未想过爬到山顶用开阔的视野来审视自身及身边诸多的可能性。

年轻人只有完全行动起来，认认真真地做事，只有当他的能力得以充分发挥，当他觉得自己的工作在人类所有的努力中是重要的，他才会有所成就。

然而有些人生而具有依赖性。如果让他们自力更生便会觉得茫然无措。他们不自立，一定要依靠他人，要让别人来为他们思考和作出安排。他们不能自己做主，没有个性，擅长自我诋毁。他们逃避责任，渴望他人的建议、指导和保护。

对于那些慵懒、懦弱和无能的人来说，各行各业和各种奋斗之路都过于拥挤。胸无大志、一事无成的人永远无处立足。这个世界需要的是那些言必行、行必果的领军人物以及胸有成竹的进取之士。不畏艰辛、独立思考的有识之士总是会有一席之地的。总是感叹良机不再的年轻人注定会处处碰壁。

只有弱者和无能之辈才会被岗位上的人员超编吓倒，有能力获取成功者永远不会将“没有机会”做自己不作为的托词。

很难想象一个小男孩说“我打算做个二等公民。我不想做上流人士也不要高薪美差。二流的工作足矣”。人们会认为这个小男孩即使不是疯了也算得上是不理智的。然而，你不去力争上游就必定会沦落为二等公民。无数人印证了这一点。二等公民如同市场上的滞销货。只有当上等材质无法获取时人们才会需要二流的产品。如果担负得起，你就会穿上等的衣服，吃上等的肉、上等面包和上等的黄油。或者即使买不起你也会希望自己能够享用这些东西。二等或劣等公民如同二流的商品一样无人问津。只有当上等材质稀缺或者索价过高时才会被人想起。被委以重用的只有一等公民。

二等公民有许多特点。虚度光阴，反应迟缓，成长受阻，他们注定会成为二等公民甚至更糟。他们玩物丧志、空耗体力和精力、弄垮身体、失去魄力，最后四肢如风中树叶般瑟瑟发抖。他算不上是个完整的人，更谈何成为上等人。

每个人都了解二等公民的特征。男孩们因为潇洒模仿别人去吸烟。然后就得一直吸下去，因为这已经成了他原本不该有同时又有害的习惯。男人们醉酒的理由无数。但无论是出于什么原因，他再也做不了上等人，只有继续酗酒无度。许多人虚度光阴最终沦为二等公民。

任由开始的错误演变成为习惯，凌驾于自我之上，使你降为二等公民，并且在对荣誉、地位、财富和幸福的角逐中败下阵来。对健康的忽视也造就了许多劣等公民。在我们国家，几乎人人可以享受到教育甚至是相当不错的教育，如果无法获取到书本知识或是实践理论就可能会沦为二等公民。

只有靠人格的力量和不懈的努力获取的地位才会为人增添光彩、带来荣誉。

也许靠“拼爹”你轻而易举地获得了别人要通过数年的忠诚、高效的劳作才会获取的职位。但如果你不能掌控局面，无法靠实力守住阵地那于你又有何裨益？如果你的无知和无能总是使你处境难堪，你在下属和你自己的心目中会是个什么形象？

一个年轻人的爸爸是百货公司的老板或者持有公司的股份就被委以重任，而他的下属中有许多比他更胜任的年轻人却在一点一点地打拼。这着实令人悲哀。如果这个年轻人有一丝一毫的自知之明的话，他就难免会蔑视自己。他要清楚从某种程度上讲他就是个贼，他霸占了一个别人奋斗多年梦寐以求的位置，他在不劳而获。他谋得职位不是凭己所长而是被人所赐。一旦他认识到了自己是在狐假虎威、无功受禄，他又将脸面何存？

如果你为自己进展缓慢而急躁不安，请记住有种力量和实力会使你完全胜任你所追求的职位，有种能力会为你在任职期间增添色彩，而这些都会在你从下到上一步步的前进中获得。迈向成功的不懈的脚步锻炼着我们的体魄，使得我们可以傲然挺立、绝不动摇。不劳而获、无功受禄则毫无价值可言。

第19讲

梅花香自苦寒来

查理·斯瓦伯足智多谋,有着伟大的人格。他从宾夕法尼亚州山区里一个运输舞台的司机最终升任为世界最大钢铁公司的董事长。

查理·斯瓦伯的效仿者们要记住:他从不追求高薪,只是珍惜每一次机会。他在卡耐基钢铁公司打零工时曾经说过:“如果有机会,我会成为这家公司的总裁。我会让我的雇主看到我是多么渴望得到提升,多么物超所值。”他坚决果断、意气风发、彬彬有礼,实属世间罕见,又有谁会质疑他的成功呢?

查理·斯瓦伯的起点并不是很好。他只接受过普通教育,15岁开始从宾夕法尼亚州的克雷森开车进入山区运送舞台。两年后他每周可以赚到2.5美元。但他一直在寻找机会,不久机会来了。卡耐基钢铁厂的工程师们需要找人来运输钢筋。每天一美元。斯瓦伯抓住了这次机会。不久,他成了一名工程师，直至总工程师。25 岁那年他成为霍姆斯塔德公司的负责人，30 岁开始管理两家公司，39 岁成为美国钢铁公司总裁。如今他已经是伯利恒钢铁公司总裁了。

当他混迹于打零工的队伍时，他坚信自己不该停留于此。他天生该是个领导者。他丝毫不赞同大公司是年轻人的坟墓的说法，认为只要果断、刻苦、坚持不懈，就一定会有所建树。他的人生阅历极具吸引力，同时又很值得效仿，深刻地诠释了奋斗的价值。他工作起来乐观而又干净利落，因此总是有更好的机会垂青于他。他在事业上没有“三级跳”，每一步都是顺理成章、众望所归。

通常，“出格”，不“安于职守”的雇员反而会得到迅速的提升，甚至会超过他们的前辈。他们用十二分的努力、十二分的速度、十二分的热情加上十二分的智慧和独创性最终赢得了上司的青睐。

雇主们清楚周围发生的一切，密切关注手下人的一举一动。他们知道谁在偷懒，谁在盼望着下班，谁在偷工减料，谁又在迟到早退。换句话说，他们一直都在坚守岗位对员工进行宏观管理。

忠诚与可靠总是会得到赏识。忠奸与否也会很快被辨别清楚。不管是否亲眼所见，雇主们单凭直觉就能断定哪个人在偷懒。出于本能我们不会相信一名惯犯，哪怕他从未欺骗过我们。第六感告诉我们他们很不可靠。同样，雇主们也在观察着自己的员工。他知道谁会一有机会就偷懒，谁是领导在与不在两个样的不可靠之徒。不玩忽职守、尽职尽责的员工才会受到重用。要想得到提升关键要表现得绝对可靠。雇主们不会留他不信任的人在身边，他要保证无论他在与不在工作都可以照常进行，最好是他的手下在他不在时会更加忠心。

能够连连高升的雇员总是想上司所想，竭力去辅助他，减轻其工作负担，执行其工作计划。

因此，获取提升的关键在于忠诚、可靠、想上司所想加上百分之百的勤奋。

如果你想连升三级，步步高升，就不要坐以待命。要急上司之所急，施展聪明才智为其披荆斩棘。坐以待命永远不会前进，果断出击的人才能大展宏图。

坐以待命会麻痹人的神经，使人失去个性和创造力。不要误认为尽职尽责就是一味地模仿、沿用上级的方式方法。别出心裁才会引人瞩目。

需要完成的事情要格外留神。你可能会认为领导不在时干了也白干。别再瞎想了，因为下属的一言一行都会传到领导的耳朵里。

有些年轻人不舍得付出辛苦，属于“分秒计较”的人，整日看表唯恐多做一丝一毫分外之事。因为自己“没拿那份钱”，雇主之事他从不考虑，更没有什么改善工作的提议。他为人吝啬，总是说同事们“管闲事”、多干活愚蠢至极。此君纵使才华横溢、学识渊博也将永无出头之日。

明哲保身的人是不会得到提升的。许多仕途不顺的年轻人如果得知雇主是因为自己太自私才冷落了他时，一定会大吃一惊。宽容、善意、乐于付出、不羡慕、不嫉妒，这些品质连同个人能力极其为雇主所看重。

我们经常看到大材小用的情况并且不明就里。有的年轻人才华横溢，师出名门，怎么看都要比他的上司高明很多。但是一些陋习或者小毛病把他拉下了水。年轻人不晓得一条锁链结实与否不取决于它最强的一环而是最弱的一环。我们总是津津有味地谈论自身的长处，闭口不谈自己的短处，也不会总想着自己的不足。日久天长，弱者更弱，最终整条链条断开。有时一点点似乎无足轻重的缺点，比如说不够精准，便可以使许多年轻人处处受困。你无法指望他会做对每件事情。他的工作总是要别人来“复查”。他十分不可靠，总是敷衍了事。有多少记账员也许多才多艺，受过良好的教育，仅仅是因为工作不够精准就只能忍受微薄的薪水和恶劣的环境。没人信得过他们的数据。仅此瑕疵，他在银行或者其他的大公司就毫无价值可言。仅此一点就抹杀了一切，使他永无出头之日。年轻人经常会因为报酬低廉就不将工作做得尽善尽美。他们不晓得这种漫不经心的工作作风会演变为粗心大意的性格。而命运又会受困于这种性格，潦草行事的恶习终将有损于心智。

潦草行事的人很快会使他人对其失去信心。他们得不到信任。人们通常会把拙劣的工作和拙劣的心智甚至是品行联系到一起。乔治·艾略特在《米德尔马契》中呈现了一幅生活画卷。故事中文斯先生由于听信了伪教徒姐夫的话开始使用劣质染料,结果他最有名的丝绸都烂掉了,最后逐渐到了破产的地步。而同时亚当·毕得认真对待每一颗钉子、每一块木板,人们争先高薪聘请他,他主宰了自己的命运。

不朽作品的作者们工作起来总是追求尽善尽美。雅典帕台农神庙的雕塑家们将那件举世无双的作品的上部分做得和下面一样完美,因为弥涅耳瓦女神会看到那一面。一名老雕刻家受到质疑,人们认为他对于雕像的背部太过于挑剔,这部分根本不可能有人会看到,但他说道:"天上的诸神会看到。"

在古老的时代,
工匠们精雕细琢,
每一个细微和隐蔽之处,
只因头上三尺有神明。

潦草做事造就潦草之人。不全力以赴去做事,就不会有所收获。没有人会信任做事草率的人。银行不会要他的票据,没有人会把财产交给他托管,董事会、托管员和重要的委员会都没他的份。实际上,他在哪个地方都不会被重用。

看一下做事潦草的女人家里是什么样的吧。看一下她的孩子们是如何受熏染的。邋遢、困惑、紊乱、不适和半成品随处可见。这家的孩子会把这种影响传播得更远。家族的恶习毁掉了他们的工作、性格、成绩和幸福。

潦草行事很快会败坏一个人的品质。思想很快习惯了低俗的目标，良知开始一点一点丧失。

如果对罪犯、流浪汉、失业大军和边缘人群的性格加以分析，我们不难发现他们中的大多数早已习惯了敷衍了事。除非有其他更严重的缺陷，一个做事追求尽善尽美的人是不可能失业的。事实上虽然失业的人无数，但几乎每个大公司都求贤若渴，到处寻找好职员。

当雇主想提拔员工时，他会找那些做事干净利落的人。他不喜欢随便邋遢的工作方式。他需要做事有条不紊，肯吃苦耐劳的手下。

如果去问全国的雇主们是什么阻碍了年轻人被提拔，他们大多数人会说“潦草行事的习惯”。

这是一个潦草的年代。“敷衍了事”，“马马虎虎”在现代生活中随处可见。大楼尚未完工就倒塌，衣服还没穿旧就因为低劣的做工而坏掉。无论是商场还是职场，此类敷衍了事随处可见。

没有把握的人做事迟疑、犹豫。他注定在这个世上少有建树。做事准确无误、吃苦耐劳的人才会获取最多的成功。一个小男孩学业稀松平常，考试时一目十行，同时邋遢成性，缺乏条理，做事三心二意，那他注定会成为生活中的失败者。三岁看到老。他总是不满足，但又不清楚需要的是什么。他不了解自身的处境。他总是出错，连自己都搞不清自己是不是邋遢潦草。他工作总是慢半拍，他的工作受到质疑，没有了信用。他一辈子总是差错不断。面临失败，他甚至都不知道自己错在哪里，只能一味感叹运气不佳。他不仅自身失败，还带坏了身边的人，他们变得和他一样做事潦草，认为凡事较真没有意义。

我希望年轻人谨记做事要有始有终。有此习惯的人才会内心宁静、心满意足、良心安宁。竭尽所能者问心无愧。潦草行事的人不晓得一味求快毁掉的不仅仅是工作还有生活。

如果我能给那些力求上进的人们一条建议的话，那便是"追求卓越"。当以此勉励自己时，你会发现自己的心智与个性获得惊人的提升。没有什么比不断地追求卓越、有始有终，更能培养坚强的个性和上乘的本领。只是做得"不错"是不够的，事事要力求尽善尽美。"这样很不错了"的态度就像一块摇摆的基石，会导致人生的大厦轰然倒塌。年轻时做事不彻底，失败便会接踵而至。锐意进取、坚持理想才会天天向上，日臻完美。

每天晚上躺在床上回忆自己白天时没有敷衍，所做之事都力求完美，这着实令人心安。做事彻底、认真非常有助于强化品格，充分地发挥能力，并且使得我们能够胜任更好、更高的职位。我建议步入社会的年轻人将"善始善终"作为自己的座右铭。若能尽早开始，将来必将收获成功而不是遭遇失败。

人们嘲笑斯特拉季瓦里乌斯做一把小提琴要花上数月的时间，认为他是在浪费时间。但是今天在世界各地，一把斯特拉季瓦里乌斯小提琴要卖到五千到一万美元，换句话说它比等重的黄金还要贵好几倍。不朽的作品一定要倾注最勤勉、最细致的劳动。

凡事都力求尽善尽美不仅是升职的最快捷径，也会对人们的性格和自尊产生强烈的影响。仅仅为了自尊我们也不应该做事敷衍、草率。这个世界需要的是最佳状态的你。年轻时就应该做到凡事竭尽所能，将最智慧的思想、最充沛的体力发挥得淋漓尽致。无论他人如何，自己绝不半途而废。人生如此可贵，岂能容我们错误百出。

第20讲 懦夫

青年如此多娇。他们英勇无畏、自信满满、有胆有识。

每个人在世上都有各自的价值。自信者被他人所信，但是对于懦弱的人来说，情况却大相径庭。懦弱者迟疑，不相信自己的判断，事事求助于他人，害怕单独行动。

能获取他人信任者要天性乐观、善于随机应变、凡事志在必得。他勇敢、自立，得到了大家的信任。

通常成大业者英勇、进取、自信。他们不甘平庸，特立独行。他们是想当将军的士兵。

胆小怕事、优柔寡断者在这个竞争的世界根本无处立足。当今的成功者必须英勇善战，敢于冒险。胆小、不自信、没主张、优柔寡断的年轻人是不可能成功的。

当然，自信的人才会为他人所信。他们踌躇满志、乐观积极、深受信任。

爱默生说："上天赋予每个人能力，让他去完成别人无法完成的伟业。"现代生活很容易使人失去个性。但是每个人都有责任对个性进行保护和开发。不能让教育、职业和周围的环境剥夺自己独一无二的个性或者抹杀掉上天赋予每个人的绝无雷同的标签。性格和个性是人的一部分，每个人都有责任保护。

遗憾的是人们大多满足于随声附和、人云亦云。世界上没有任何两个人是相同的，每个人都是不可取代的。企图逆转天意、改变天性毫无用处，甚至会造成灾难性的后果。做一名创意百出的鞋匠也要好过做一名千人一面的政客。无论做什么一定要做自己，原创的自己。不可一味地模仿，做他人糟糕的效仿者。

成事者，志在必得者，那些踌躇满志、立志要扬名于世者从不左顾右盼。他自有主见，也不期待有人冲锋在前。他有自己的计划、自己的想法，他清楚努力的方向，遵守自己的游戏规则，纵有险阻也不抱怨。对于困难坦然接受，既不置之不理也不绕道而行。他不怨不悔，一往直前。他精力充沛，有英雄气概。他意志坚强，战无不胜。

人天生高傲，天赋异禀。他需要成功如同鱼儿需要水一样顺理成章。满腹狐疑、惶恐终日不是上天造人的初衷。

奴性与寄生也非人之常态。有所作为的人一言一行充满了力量，他目光坚定、气定神闲。

我们应该成为环境的主人而不是受其奴役。将影响成功和幸福的卑微、病态的想法一扫而光吧！有的人认为自己不能左右环境只能听天由命，整天把自己看成是一个可怜、悲惨的倒霉蛋，这种人终将身心俱焚，毫无建树。

有计划、有使命感、率性而为者才会成为这个世界的宠儿。

坚信自己的能力。你的自信将赋予你力量。

磨炼人们性格和毅力的最好的方式就是去担当责任，去改正自己的不足。如果你缺乏勇气、胆量、耐力和决心，那就要积极争取，因为这是上天赋予我们的权利。你有权拥有这一切而最终这些也会属于你。这样你就提高了成功的概率。

格兰特为人乐观积极，坚信成功，从不萎靡低沉，身处困境仍然一往无前。他坚定、不迟疑、永远乐观积极。

乐观积极的林肯、华盛顿和格兰特最终创造了奇迹。具有乐观的天性和领导才能的人良机无数。这样的人英勇无畏，巨大的自信来自对自身力量的认可。

如果你认为自己在困难面前必将束手无策，这种想法是在自取灭亡。坚信自身的能力吧！每迟疑一刻，你就输了一分。

接受自己的软弱、不足、无能和犹豫，你就丧失了自信也丧失了成功的可能。

第21讲
自　信

做事成功者朝着目标，坚信一定会取得胜利。

许多人在吃了一连串的败仗后心灰意冷，一蹶不振。他们抱怨命运不济，认为纵使再奋斗也是枉然。

而失败不失志者却可以迅速地从失败中站立起来。一蹶不振，勇气殆失的人已经无力回天。他松开了拳头，失去了攀爬的机会，那就只能随风飘落，听天由命。死鱼只能随波逐流，只有活鱼才能逆流而上。

纵观世间失败的种种例子，我们不难发现，失败的最大祸因在失志。

任何一种损失也比不上自信的缺失。没有了自信，一切将无可相依。没有了脊梁，人将如何傲然挺立?

有勇气、有决心的人是打不垮的。一旦受到压制，他们会像班扬一样在充当牛奶瓶塞的满是皱褶的纸上写出《天路历程》;即使失去视力也会像弥尔顿一样写出《失乐园》;或者像帕克曼一样写出《加利福尼亚和俄勒冈的小路》;像福赛特一样当上了英国的邮政大臣。身处困境却永不言败的人会取得无数的成就。人的能量不会像水流一样被封闭起来。自信使人成为神,人们会对其言听计从。

在人生的舞台剧中,扮演自己喜欢的角色。如果你想演一名成功人士,就要内外兼修,学好成功人士的精、气、神。

目光犀利者凭举止神态,一眼就能从人群中挑出成功者。如果他是一个领导者,一举一动无不在透露着他的身份;他泰然自若、步履坚定,俨然已经成功在握。人生的成功造就了他今天的气定神闲。

同时,失败者也是可以被一目了然认出的。他步履沉重、踌躇不决。衣着、举止、一切的一切都将他的无能暴露无遗。每一个动作都表明这是一个没出息的人。

成功者没有迟疑,没有消沉,他是一个彻头彻尾的乐观者。他独自站立,不用支撑。像大力神赫拉克勒斯一样,看见敌人的同时就已经胜利。

他寡言少语,他的沉默充满了力量。他厚积薄发,总是留有巨大的后备力量。

而那些一事无成者总让人觉得已经被逼到了墙角,似乎已经灯尽油枯,透支着最后一丝力气。

自信的力量可以统筹人所有的能量,将全部的力量捻成一股绳。无论多么才华横溢的人，一旦缺乏了自信就不可能将全部的才能发挥到极致；他不能统一部署、协调所有的力量，无法将全部精力集中到一件事情上来。

要想成功，才能与自信缺一不可；如你缺乏自信，最好的办法就是不断给自己打气，这样做不但会使别人相信你，而且你自己也会逐渐获得自信。

当门可罗雀、货架上的滞销品压得货架吱吱作响时，当职员们无所事事、四处闲逛时，当租金和大笔账单都亟待结清时，商人们心急如焚，他的性情和生意都受到了严峻的考验，这时我们更能够看出他是一个什么样的人。如果他暴躁、挑剔、难相处，动辄因为平时他毫不理会的小事儿发火，把过错都推给下属，那么他还没有学好人生最重要的一课：处乱不惊，克己自律。

当阳光普照，生意兴隆，一切顺利时做到愉快、随和是很容易的；但是当生意惨淡、入不敷出，当困难甚至是灾难接踵而至时仍然能够开朗、乐观、面带微笑就需要莫大的勇气和金子般的品质。当你在商场上时运不济而你已无力回天，当多年积攒的基业就要付之东流时，表现出冷静与开朗是巨大的考验。在这样的极端困境中商人们应该表现得冷静、镇定。心情愉快，充满希望，意志坚定往往会使人扭转局面、渡过难关，而郁闷、焦虑将使人陷入绝境。下属们很快就会察觉到上司的迟疑、焦虑和恐惧。如果上司垂头丧气、意志消沉，那么他的下属很快会受到传染。随之，顾客们也将感受到店内的不景气转而投向别处了。在人心惶恐、经济萧条时期，很多公司的倒闭就是因为老板们没能学好克制，不会隐藏自己对局势的不安和恐惧。心灰意冷是雄心壮志的头号杀手，它像瘟疫一样必须加以消除。

总是抱怨生意差的人是不会成功的。不要老是看到事情糟糕的一面。停止关于市场不景气和世事艰难的谈论吧。我们要说鼓劲的话而不是泄气的话。许多商人习惯于不停地抱怨和挑错，而日子对于他们也越来越难。有些人消极悲观，永远看不到事情好的一面，他们不可能生意兴隆。成功就像一棵纤弱的小树，它需要明媚的阳光和不断的鼓励。

相信自己一定可以战胜身边的困难。要学会主宰环境，不为不良影响所困。凡事要看到好的一面，忘掉坏的一面。

这个世界欢迎阳光、开朗、充满希望的人，而不欣赏那些忧伤、抑郁，眼中只有失败和灾难的人。人们不喜欢乌云和阴影，永远心向太阳。同样，开朗乐观、充满希望的人处处受到青睐；而对压抑、沮丧者，人们则唯恐避之不及。

成功者要摆出征服者的架势。自信的人才会得到敬仰。优柔寡断、犹豫不决为人所痛恨。心态平和的人才会获胜，而不自信者纵使有机会也枉然。坚强、进取的人充满热情，永远散发自信的光芒。

生活中的强者自信满满，举止有礼，充满了力量感。而那些生活中的失败者和被苦难打垮的人总是迟疑不决、步履蹒跚，毫无魄力可言。

弹簧跳得再高也不能脱离弹簧体。同样，一个人的成绩也不会超过他对自己的预估。

当你找到了自己合适的位置，当你所有的能力都得到了最大的发挥，那么任何事物都不应该使你放弃你的选择。纵使困难重重也不要动摇，不要停止。要坚持自己的选择。工作中总是有痛苦多于欢乐的时候，此时你更应该展示英雄气概，证明自己的实力。无论前途多么渺茫也绝不言败。面朝目标，为自己加油再加油，相信自己一定可以成功。

永远不要打击自己的自信心。不要心生失败之念。不断为自己鼓劲，不断想象成功的辉煌时刻，摒弃所有的消极念头，这样你才会坚不可摧、目标坚定并最终夺取胜利。

自信心动摇时，许多人只好以失败收场。他们认可了别人对自己的怀疑和担忧，失去了对自身的信任，最终没有了获胜的信心而一事无成。

出身贫寒、命运不济反而应该激发一个人的斗志。要学会蔑视苦难和贫穷，绝不因此而低迷；相信精神的力量，相信人生来就是环境的主宰而不应受其奴役，这样处境才会得到改善。认可自己的主宰地位，想象自己充满了力量，对自身的能力不断地肯定，把成功看成是自己与生俱来的权利，这样就会磨炼意志，充分发挥自身的能力。反之能力就会被怀疑、恐惧和缺乏自信削弱。

许多人在一无所有时仍然矢志不渝、充满自信、坚信成功，最终实现了自己的目标。这是我们与生俱来的弥足珍贵的力量。

第22讲
天生的征服者

有些人是天生的征服者。无论身处何地都会主宰、驾驭环境。他们自信满满，不惧艰险，他们是天生的胜利者，成功是他们与生俱来的权利。他们认为自己理所应当主宰环境，认为自己具有宇宙间最伟大的力量。他们被赋予了无穷的力量，可以担当任何重任。

这样的人乐观，不迟疑，不杞人忧天，不心急如焚，相信自己的能力，凡事都努力做到尽善尽美。他们成就世间的伟业，即使有艰难险阻也不躲避。他们亲历艰难，在任何环境中都得心应手。

有这种特征的人自信、热情、精力充沛、有胆有识、攻无不克。他清楚地知道他所做的一切都是正确的。

害怕失败，缺乏自信的人是最容易失败的。初入职场的年轻人要清楚无论发生什么事情他都可以解决。他要坚信自己天生就是个胜利者，胜利是他与生俱来的权利，任何艰难险阻也不能剥夺这个权利。

如果心怀恶念，纵使是世间最伟大的画家也不会把圣母玛利亚的脸画好。如果你心怀仇恨、嫉妒、猜忌就永远不会受人喜爱；同样，如果你总是犹豫不决，你就永远不会成功。

如果父母和老师能够在孩子尚小的时候就让孩子相信自己，相信自己具有成功的力量，那么我们的文明将会被完全改写。如果你是老师，请把成功的理念教给学生。告诉学生他们都是一颗注定会成功的种子，造物主要每颗种子长成参天大树，不枝节横生也不矮小病态。它将成为森林中的参天巨树，为过往的行人或牲畜遮风挡雨，为建筑或船只提供木材。告诉孩子们你多么信任他们，多么希望他们将来干一番大事业，告诉他们不要辜负了你的希望。

老师简单的几句鼓励的话语，会永远激励孩子并给他们向上的力量。格尔斯密认为他的成功离不开他的老师。当时大家都对他绝望透顶，叫他“低能儿”，只有老师不断地用言语和行动鼓励他。最后因为老师的信任他成了世界上最有名的诗人。无数的人在获得成功之际都将功劳归于父母、老师或者朋友们对自己的信任。当周围充满了不信任的目光，连自己也几乎要放弃时，想想那些信任我们能力、认为我们会成功的人，告诉自己不要让他们失望，然后就会充满了力量，奋发向前。

我们也许还没有意识到自己鼓励的话语、积极的思想会给朋友多大的鼓舞。我们的信任激励着他们奋发向上。

给别人最大的帮助不是金钱不是财物。伸出温暖的手，说出鼓励的话语，露出理解的表情，这些不但帮助了朋友，也会影响我们自身。授人玫瑰，手有余香。

据估计，需要至少25年一个人的全部心智才会发育完全，造物主花了四分之一世纪的时间才造出的作品，他一定会在上面倾注大量的心血，赋予无穷的希望。

人就像是一台机器，生来就是要创造佳绩的。这台复杂的机器的每一个零部件都在力图证实这个人成功的必然性。失败是人生中不正常的状态。人生最大的悲哀莫过于终日低迷，感叹命运不佳或技不如人。

成功才是人生的常态，是人们强身健体的补药。有的人突然、意外地获取了某种成功，结果本来常年虚弱的身体居然一下子好了起来。精神会作用于肉体，原本糟糕的身体一下变得正常、健康、充满活力。心中憧憬着成功会改善精神面貌，驱散满腹疑云，注入希望和力量，使整个人焕然一新，充满生机。

人需要运动，如同音乐不能缺少和声。他的全部身心都是用来创造佳绩的。每一根神经、每一根纤维、每一个脑细胞、每一个器官、每一种官能都为了这个崇高的目的而生，都为了实现人来到这个世上的最终目标而生。失败不是造物主的本意，人生而为了成功，人生中出现了失败，就好像是和声中混杂了不和谐音。

造物主不会创造一个人然后再毁掉他。经过造物主精心的安排、调试和策划，我们生来就是为了成功。

贫穷和悲惨的处境也不是造物主的本意。人生来是为了获取幸福的。富足与安康是人们与生俱来的权利。

这个世界到处都是机会，体格健康的人如果只能悲惨地苟活于世，那就是他的耻辱，既是对他人格的侮辱，也是整个文明的耻辱。拥有和造物主同样形象的人类是不应该品尝失败和贫困的。

第 23 讲

直奔主题

直截了当是属于成功人士的特质。他不东拉西扯也不拐弯抹角，而是单刀直入，切中要害。当有事和你商谈时，他不会用 15 分钟先作铺垫，也不会就芝麻小事发表长篇大论，而是直奔主题，切中要害。一切都干净利落，绝不拖拉。

成功的商场和职场人士非常不喜欢有人擅闯他的办公室，然后开始东拉西扯、不知所云。一会儿问问身体如何，一会儿问问家人怎样，兜了一个大圈子就是不说正事，最后听者身心疲惫，耐心全无。

很多人发现公司里的大事、要事都没有自己的份。原因很简单，老板已经对他们很恼火了。这种夸夸其谈，说话绕来绕去的人在老板心目中就是个花架子。

说话直入主题是所有高级行政人员的特点。他们惜时如金，惜字如金。对于大公司的领导人、经理人来说，这是必要的素质。

许多生意人失败了，因为他们不能快速、有效地作出决定。他们不断地盘算、权衡、兜圈子，结果失去了赚钱的机会，甚至等来了灭顶之灾。

许多年轻有为的律师也都输在了说话不够直截了当上。美国最高法院法官说这是他们最头疼的问题。年轻的律师过于在乎法庭的威严，总是长篇大论、滔滔不绝、堆砌辞藻、空话连篇，结果自毁了前程。法庭上不需要夸夸其谈，也不要言之无物，空话连篇。法官们只想听到直接、清楚的语言和简单明了的事实真相。

无论你是否才华横溢，是否受过良好的教育，是否有影响力或者聪明与否，一个人要想成功，必须学会开门见山，直截了当，集中火力，重拳出击。

许多年轻人师出名门，年轻有为，意气风发，可是他们整天东不成西不就，最终还是一事无成。他们追求成功，可总是功败垂成。他们有涵养、有文化、有水平却屡屡让大家失望。这只能怪他们做事没有目标，又不肯在一件事情上踏踏实实地做好。

在众多的候选人中，精明的雇主们总是会挑选那些说话既直接又干净利落、简单明了、立场鲜明的人。这种人绝不会滔滔不绝、没完没了地谈论自己的成就和能力。

沃纳梅克的合伙人罗伯特·奥格登曾经说过，据他观察，使大多数年轻人纷纷落马的最大祸根就在于他们说得太多。他说只有寡言的人、想得多而说得少的人、行动力强的人才最有可能成功。

当有人问海军准将范德·比尔特成功的秘诀是什么时，他幽默地回答道："闭上嘴巴。"

第24讲 惜时如金

成功者务必惜时如金。一寸光阴一寸金。不浪费时间是每一个成功者的头等大事。

处理事务的人一定要学会判断来访者的事情是否重要。一旦事情谈完要快速地结束谈话。在办公时间大谈特谈毫不相干的事情,不但会降低办事效率、浪费老板的金钱,还会毁了自己的前程。

工作效率高的办事人员似乎凭直觉就可以断定来访者大概要花掉他多少时间。美国前总统罗斯福就是这样的人。来访者刚进入办公室,他马上热情地握手,似乎是久别重逢的好友,但是他脸上的表情却在明确地告知对方他会公事公办,不谈私交,因为还有许多这样的"好朋友"正在等他。因此,来访者也大都有事说事,简洁明了,然后快速离开。

某个大公司的总裁总是很热情地招待来访者，同时他非常擅长引导对方直入主题。谈话一结束他就会起身和对方握手，表示很抱歉只能到此为止了。而对方虽然没有说上几分钟，又不是自己主动离开的，但心里会觉得很舒服，认为老板人很客气。大银行、保险公司和信托公司的领导们在这方面都非常擅长。那些拥有影响力、权力、理解力和执行力的人通常都话语不多但却直接、精确，字字有分量。时间是他们的资产，绝不容许任何不必要的浪费。

做事果断、直接的人会开罪一些人。但是他们却成绩斐然。他们经商时纪律严明，一切无关商业的事免谈。

可以使打交道的对方做事迅速是商人们难得的才能，同时也是成功人士的标志。要了解时间的价值，珍惜时间。不要让那些没头没脑、夸夸其谈的家伙占用了你的时间。

使别人快速进入正题的最好的典范应该是皮蓬·摩根。讨厌他的人认为这样很失礼，但这却是他的经商之道。他 9 点半就到办公室，下午 5 点钟才离开。有人估计他每分钟价值 25 美元。他本人认为他的时间比这更有价值。除非你有要事相谈，否则他连 5 分钟都不肯给你。他不会像其他大公司的老板那样把自己关在办公室里，外面有秘书把守。他坐在一个开放的房间里，房间里还有其他人在工作。他就在这儿运筹帷幄、日理万机。如果你有正事相商他会热情欢迎，但如果你在办公期间无事打扰的话他就会板起脸孔。摩根先生天生就非常善于揣摩人,知道什么是他们之所需。他从不拐弯抹角,而是切中要害。他绝不允许有人无事登门拜访,浪费他这个大忙人的宝贵时间。

第 25 讲

身体是革命的本钱

要想成功，首先得有一个好的身体，能够随时接受生活的挑战。就像运动员要想出类拔萃就得不断地训练，他必须为了成功而训练自己。

大学划船队的队员为了获得荣誉，每年都会进行艰苦的训练。他们严格控制自己的饮食和娱乐活动，只吃可以强身健体的食物。他们的作息、饮食和锻炼都非常有规律。数月下来他们的体力和耐力都达到了极限。

他们数月的精心训练、严格饮食和规律的作息到底是为了什么？是为了在短短 20 分钟比赛中坚持下来。比赛中的奋力一搏将耗费掉他们的大部分体力，但是他们成功在握。

浅薄的人会问，为了那么一点点的荣誉有必要用数月来对自己这么苛刻吗？为了那不足半小时的比赛就每天锻炼，跑步、划船和打沙袋值得吗？

但是我相信每一个参加划船比赛的大学生心中一定无数次地设想：如果可以重来一次，他们将会更刻苦地训练，积蓄更大的力量，因为这是获取荣誉的关键。

每年我们都会听到年轻人在抱怨："这些年来备考、读书到底有什么用啊？这些年一直在学数学、科学、历史、语言和生活中的应急常识有什么用呢？"大多数时候我们认为学习就是为了掌握基本的数学公式、简单的词汇和浅显的历史、地理、政治、经济、文化的知识。

事实确实如此。但是人生是一场更大的测试，只有能者和受过刻苦训练的人才有机会得奖。这些年轻人不久就会感叹多年的学习和自律是根本不足以让他们获胜的。他们宁愿当年多花点时间、多投入些精力到学习中，这样他们才会积累更多的精神和身体的力量来迎接生活中的种种挑战。

成功人生的最大挑战就是如何将身心所积累的力量发挥到极致。目光短浅的人是爱财如命的守财奴，可是却大把大把地挥霍着自己的体力和精力。

要想成功，就要使自身全部的力量得到最大限度的发挥。然而实际上人们最不吝啬的就是大把的力气。他像倒掉水一样把自己的力量都耗费掉。同时他又不在乎自己的身体——革命的本钱，没了本钱也就无从获取成功。

人们有太多的消耗脑力资源的方式。一生中杞人忧天、忧心忡忡会耗费掉大量的脑力。钩心斗角、尔虞我诈更是会对整个机体产生可怕的影响。

有的人整天东奔西跑，疲于奔命，忙忙碌碌，不懂劳逸结合，最终耗光体力再无回天之力。仔细想想其实他倒不如原地休息整顿、积蓄力量、整装待发。超负荷工作，不吃不喝不锻炼，最终会搞垮自己的身体，不是患上神经衰弱就是患上了其他的疾病。这样一来，可能要搭上几年的宝贵时光才能恢复健康。

整天马不停蹄地工作其实是很愚蠢的，终日的疲劳会累伤大脑，连身体的器官也会抗议，判断力被削弱，最后整个人都没了精神。累得头昏脑涨，整架身体的机器都失灵了，这样的工作又有什么好处呢？疲惫不堪的大脑和神经只会令人江郎才尽，油尽灯枯。

有头脑的商人绝不会把钱用到只剩下最后一分，这会彻底毁了他的生意。然而无数的年轻人却认为他们可以从身体的银行不断地透支体力，花光所有体力的积蓄，然后仍然可以获得成功。

如果年轻人不管好自己的身体、不积蓄能量、不去避免做那些有损身心的事情，那么纵有天大的抱负和钢铁般的意志也无力回天，难改失败的厄运。

我经常看到一些尽显老态的人，他们其实也不过 30 岁出头而已。他刚开始创业时才思敏捷、才华横溢、体格健硕。事实上这些都是年轻人步入社会时拥有的最大的资本。但是还未到中年他就已经垮下了，在精神、肉体上统统垮下。

有一个年轻人，我第一次见到他时他是一个大有前途的人。他有着超强的能力、充沛的体力和向上的人生哲学。但是不久我就发现他的体力在衰弱，智力也在降低。整个人被一种无形的力量蚕食着，他渐渐地失去了工作能力，失去了自信和自尊，从他身上只能依稀地看到他从前的影子。

没了自信他也再难取信于人。他步步下滑，这个曾经前途无量的人最后落魄收场，没有了一丝以前的影子。他年仅三十，但没有魄力、没有脑力、体力尽失。酗酒、与狐朋狗友鬼混毁了他的前程，使他人未老心先老。

如果你到处找碴、挑错，动不动就发火或者抑郁，如果你觉得处处不顺，那么可以肯定的是你自身出现了问题，你的能量在流失，你的精力也处于低谷。

必须马上找到问题的源头。也许是你的烟抽得太多了。过度吸烟会急剧消耗人的体力。也许是因为你晚间流连欢场，白天又要拼命地把落掉的功课或工作补上。睡眠不足会令人反应迟钝。

如果你从早上起床就心情不佳，一整天都怒气冲天的，那么毫无疑问是你的身体系统出现了问题。可能只是因为你过于担心公司、家庭或者其他什么事情，所以精神上出现了些障碍。但无论是什么原因一定要找到根源，消除隐患，否则就只能听任其毁掉你的整个生活。

如果神经系统出现问题你就无法做好工作。如果神经系统总是得不到养分，总是受到体力和脑力过度消耗的牵连，那么你的整架身体机器就会出故障。机器出现了故障就不能制造出好的产品。如果机器运转不起来了，那么你越是使用，对它的损耗就越大，以后修补的可能性就越小。

人们只知道努力工作，却很少有人意识到在超负荷的情况下工作会对身体造成很大的伤害。好的工程师知道一台精密的仪器在没有润滑油的情况下是不能运行的。一旦油用尽了，轴承就会摩擦、发热，机器就不能正常运转。不断的磨损会很快毁掉整台机器。

我认识一些生意场上的人，他们天生体质并不是很好，但是他们经过系统化的自我训练，饮食合理、睡眠充足，最后他们所取得的成绩甚至超过了那些比他们头脑聪明、身体健康很多的人。他们工作时朝气蓬勃、精力充沛，但是在休息、就餐、锻炼时却不容许有任何的打扰。

劳逸结合者事业成功。人们进入工作时就应该像职业拳击手进入拳击台那样状态绝佳。自然法则要人人遵守，没有例外。它不会理会你最近缺乏睡眠、没有锻炼或饮食糟糕；它要求你必须时刻处于最佳状态，没有借口也不听你的道歉。如果你违背了自然法则，就会受到惩罚。

马车上的车轮要上好了油人们才会动身出发；只有确定了轴承运转正常、没有摩擦现象时人们才会启动机器；但是对于身体——这个造物主制造出的最伟大、最复杂的机器——人们往往麻痹大意。机器还没上好油，还没有充足的燃料，没有充足的休息或动力，人们就启动了机器。没有了油的滋润，精密的仪器很快就会磨损。人们清楚地知道一旦机器出现了故障，不但无法工作，而且容易磨损过度无法修补。但是却认为人脑不经过休息、娱乐仍然可以继续运转。一整天轴承都滚烫发热，到处是深深的磨痕，可是人们还一门心思地指望机器会造出完美的产品。

晚餐时人们在肚子里塞了一大堆乱七八糟、不易消化的食物，第二天早上又指望这么精密、复杂的消化系统能够运转正常；一旦消化系统无法承受、消极罢工时人们又会去找医生，指望着一剂良药就可以治病除根。长此以往，身体必垮无疑。

充足的睡眠和适量的户外活动，尤其是在山野田间的活动是最好的润滑剂，可以使人神清气爽，恢复体力。唯有如此，人们才能够长久、高效地工作。

神经学专家认为，许多人自杀都是脑力衰竭的结果。

如果你怪僻易怒，意志消沉，如果你对人生的热情全无，如果你觉得全身乏力，生活乏味，那么你就应该好好地睡上一觉，或者走到田间，走到户外，去呼吸新鲜的空气。漫步山野田间会驱散心中的阴霾，令人恢复元气。

第26讲

善待自己

善待自己的人才能有所成就。要挖掘自身的最大潜能，呵护好革命的本钱——身体。许多所谓的成功人士最后却败给了自己。他们精心呵护牲畜，却过度地透支自我。他们饮食无常，缺乏睡眠和锻炼。事实上，他们不断地在消耗自己的体力和脑力，未到中年就已经头发花白、神经衰弱、未老先衰。他们满腔抱负，工作起来不顾性命，是典型的拼命三郎。

有的人在一生中有五年、十年或者十五年的时间都在过度劳损自己的身体，作息无常；而有的人却严格遵守养生之道，休养生息。这两者有着极大的差别。

人的脑力和体力是如此珍贵，我们应该不遗余力加以保护。它们会让我们在这个世界走得更远，做得更好。

我们要积攒体力，保存体力。无论是城市还是农村，总能看到男男女女，尤其是男人们，不过30岁出头就已经肩膀倾斜、头发花白、精神萎靡。他们步履艰难，神情呆滞，再也不可能去成就梦想、追求成功，更不用说会超过自己的竞争对手了。本来应该血气方刚的人却成了一个干瘪的落魄者。

也有些人可能是为了节约而节衣缩食。他们站在柜台旁，胡乱地吃块三明治喝杯牛奶，以为这样就可以省下时间和金钱。事实上，为了健康着想，他们应该去一家像样的饭店或旅店，花点时间吃顿像样的、精心烹制、营养丰富的饭菜。在开始工作之前还要再留出足够的时间来消化、吸收。

这种做法不但没有节约，反倒是最大的浪费。一个想要成功的人最应该节约的是他成功所需要的体力、脑力和活力。省掉可以赋予身体神奇力量的食物就如同宰杀掉可以下金蛋的鹅。

有些人天生聪颖却业绩平平，原因就在于他们平时忽视健康，没有为身体提供足够的动力。

许多人往往由于不善于照顾自己的健康最终理想破灭，面对自己订下的计划心有余而力不足。

如果某人有一池子的生命之源，但是却拿个锥子在池子上到处钻洞，最后生命之源耗尽，你会不会认为他发疯了？但是我们中的很多人却在做同样的事情。事业刚起步时我们也有着一池子的生命之水，但是由于我们的粗心大意，漫不经心，池子上到处都是漏洞，池子中的大部分水都泄漏了。

我们在肆意地挥霍着身体的能量，耗损着生命的积蓄，直至最后失去了成功的机会。其实体内积蓄的大量的力量本来是可以使我们成功的，可是我们直到失去了它还没弄清楚为什么我们就是不能成功。

缺少睡眠、缺少户外活动、没有营养的食物、没有和朋友倾心的交谈、整天像苦力一样拼命地工作，这些都像是我们生命中的漏洞，在一点点地耗尽着生命之源，榨取生命的积蓄，而失去了这一切也就失去了成功的本钱。

从人们的体态、步伐我们能看出他们的相关状况。在街上的一群人中我们能很快地认出谁是军人，虽然我们从不认识他。这种体形和神态是花多少钱也买不到的，但是除非是天生畸形的人，否则只要按照一定的规则加以练习我们都可以做到像军人那样。举止粗俗、行动懒散的新兵只消用上几周或几个月的训练就会变得身姿挺拔、威风凛凛。

无论是坐着还是站着一定要保持身姿挺拔。挺胸、抬头、微收下颌，站立时身体重心落于脚掌而不是脚趾或脚跟。严格地按照上面的要求去做，很快你就会改善你的形体和气质。

保持身形优雅、挺拔的习惯会影响到一个人整体的健康和他的自尊心。

走路时不要屈腿，重心先稍稍落于脚趾。两臂自然摆动，但不要过于频繁。保持优雅的曲线，避免生硬、唐突的难看动作。优雅是可以后天养成的。

女性比男性优美很多就是因为女性的身体充满了优雅的

曲线。在女模特身上是找不到棱角的。

大多数人坐着的时候腰部赘肉横生。这种现象在未经过训练的人身上非常普遍。整天慵懒地躺在沙发或椅子上是不可能在站立或走路时有一个好的身形或气质的。同时,懒散的坐姿很快会毒害到心灵,令人心智迟钝、得过且过。

人体各个官能间是相通的,一荣俱荣,一损俱损。没有挺拔的坐姿人就不能好好地阅读、写作或者思考。人的身心是互相呼应的。

胡乱地躺在床上看书或者懒散地坐在椅子上,这样的姿势很快会影响到人的思维,是根本不可能好好思考的,在不舒适、不自在的状态下人们根本无法进行思维。

如果一个人姿势别扭、弓腰缩背,连他的消化系统都会受到影响。这种姿势不利于血液循环,令心脏负担过重。当人们的身体扭曲时,心脏就需要额外的能量才能在两分钟内将血液运送到全身。

如果一个工程师为了节约润滑油却毁掉了整台机器,你会怎样看这个人呢?你会认为他很愚蠢,但是我们中的许多人却正做着比这蠢得多的事情。工程师们损坏的只是没有生命的机器,而那些不善待自己的人,他们节约休息,节约娱乐,节约的是使生命长久运转的生命的润滑油。

第27讲

透支身体

刚进入社会时我们体力充沛，可以肆意挥霍；但是在不断的担心、忧虑和与成功无关的琐事中我们渐渐地用尽了大部分的身体的资本。

如果我们可以控制脑力，只将脑力用在有用的地方而不是无端消耗、肆意妄为，那么我们将会取得多么辉煌的成就啊！

年轻人对脑力和体力是多么的挥霍无度！他们对脑力和体力价值的认识是多么的不足！

我们总是能够看到年轻人肆意挥霍珍贵的身体能量，似乎体能的供应源源不断，年轻的泉水永不枯竭。他们将大把的力气像水一样地浪费掉。但是当年华逝去，青春不再，他们才开始意识到当年是多么鲁莽，失去的能量是多么珍贵。

在许多地方，春天时水量丰沛，可是到了夏天水流就完全枯竭了。在这些地方要想储存水的唯一办法就是建造水坝把春天里的洪水储存起来。

我们体内大量的体力和脑力也是在人生的春天出现，等到中年时开始枯竭。如果人们能注意保存能量，那么就不会等到中年的时候面临着被解雇的命运了。

没有了脑力也就失去了创造力，没有了创造力也就不可能成功。耗费身体能量的人，无论是体能还是智能，最终没有了创造力，一事无成。年轻人似乎觉得为了玩乐少睡点觉没什么大不了的。他终日声色犬马，结果牺牲了身体的能量。

酗酒的人只图一时之快却在自己的人生路上埋下了绊脚石。如果他早能看出喝酒的害处；如果他能意识到大脑里已经播下了第一颗衰败的种子；如果他可以用显微镜看到他的血管已经开始腐蚀，肌肉的力量开始衰退；总之如果他可以在自己的体力和脑力完全耗尽之前意识到喝酒的害处，他就会因为害怕而改掉坏习惯。

我们的身体和智力的感官紧密吻合，构成了复杂、精致、敏感的机体，机体内任何的磨损都可能造成整体的瘫痪。无论什么地方有缺陷，所做、所写、所说、所思都会受到牵连。磨损的机体是我们身体的一部分，无论怎么极力遮掩都会露出破绽。

有些人像钟摆一样左右摇摆、动摇不定，在任何问题上哪怕是自己的人生大事上也从来没有坚定的立场和独立的见解。摇摆不定中他的脑力逐渐耗损，最后再也无力独自承担责任，本来可能拥有的一点创造力也不可挽回地丢失了。

脾气暴躁者在一次次的爆发中渐渐地磨损了神经系统，最后失去了进取之心。

我们机体中的每一处瑕疵，无论是糟糕的身体、暴躁的脾气、优柔寡断、懒惰成性还是一些看似微不足道的小毛病，都会在获取成功的路上给我们带来灾难性的后果，就如同在竞走比赛的选手身上添加了无数的重量。

没有事业心和进取心的年轻人是不会快速进步的。实际上进取精神是工作的必要条件。谁也不会雇用一个缺乏动力的年轻人。有事业心的老板会希望他的手下也具有他这种精神。能力稍逊的老板会更加迫切地找到一个助手以弥补他自身的不足。有魄力、有干劲、活力四射的人总是供不应求，游手好闲、眼高手低、不思进取的人永远不受欢迎。

许多人为了贪图舒适失去了成就梦想的机会，不愿意劳其筋骨，饿其体肤，哪怕前面就是光明的前途，他们喜欢不费吹灰之力的成功。但是一旦要求他们牺牲掉舒适和自在时，他们马上就退缩了。人们为了贪图安逸——哪怕只是暂时的安逸——放弃了许多的机会。贪图享受而良机不再，他们早上贪恋热被窝不愿早起；阴天下雨又贪恋办公室的舒适不愿外出，就这样他们失去了无数的机会。他们做事只是为了享受安逸，承担不了任何磨难。

贪图安逸是成功的一大障碍。他们不愿吃苦，躲开任何可能的麻烦。今天有许多人领着微薄的薪水，就是因为他们不肯吃苦，为了眼下的舒适和安逸，他们情愿停留在社会的底层也不愿付出努力去出人头地。

成功不是超越，不是做到与别人不相上下。成功就是要发挥自己的最佳状态。一个英国人双目失明，但他却成了杰出的音乐家、慈善家和数学家。面对人们赞美的话语，他的妻子回答道："他一点也不聪明，他不过是尽力而为而已。"这句话也道出了成功的真实含义。

无论处境如何都要发挥出自己的最佳状态，做自己的主人，发挥自身所长。无论周遭如何纷扰，无论工作条件如何恶劣，他都可以集中自己的全部力量。他会把苦难踩到脚下，把绊脚石变成垫脚石。即使被灾难打倒也会从头再来、加倍努力。悲伤和苦难可以暂时压垮他，可是他一定会重新站立起来，为了心中的目标奋发图强。

第28讲
“吃光花光”

有些年轻人薪水很高，可是等到老的那一天他一分钱也没剩下。他们也许可以创造财富，但是却不能保留财富。

他们把钱都花在了抽烟、看电影和一些无关紧要的事情上。他们人生的第一桶金就这样失去了。

许多年轻人觉得只有大把地花钱才会快速赢得别人的好感。他们喜欢被人羡慕，人们觉得他们花钱如流水，好像永远也花不光。哪怕是冬天，他们也会给女朋友买大把的价格不菲的花儿，给女朋友买奢侈品，还参加各种娱乐。女朋友已经习惯了这样的生活，婚后她们也只会是丈夫进步的障碍而绝非助手。

为了维护在朋友圈中的面子，他们非常注重自己的形象。入不敷出时，他们根本不愿意反思自己的错误。这时他们很有可能会开始挪用小额的公款，后来随着开销的加大挪用的款额也越来越大。直到大事不妙了，他们才开始担心这些犯罪行为会带来的后果，但是一切都太晚了。许多人因此丢掉了性命，许多人从此落魄一生。

一位作家写道：“我们已经在社交娱乐中迷失了自己，人们关注的只是光鲜的外表、时髦的服装，大家都在炫耀攀比。这也是目前人们挥霍无度的最重要的根源。第二个根源应该是人们不计后果的无休止的物欲。第三个根源是道德感的缺乏。人们不重视道德建设，举止轻率，这是国民的通病。”

小气抠门和精打细算是两回事。一个人小气还是有希望的，但是奢侈挥霍、挥金如土的人就完全没有指望。很多人当年像奴隶一样辛苦工作，到头来却一文不名，就是因为他不善于节约。

最近有个人写信给我，他人到中年可是手里没有一分钱，又丢了工作，没了朋友，捉襟见肘，流落街头。这样的人比比皆是。他们到处求职、借钱，逢人就抱怨自己运气不佳。怪也只能怪他自己年轻时不晓得攒钱的重要性，不懂得积少成多，精打细算。

有很多人连生计都无法维持。他们早年时不愿吃苦受累，一辈子也没什么成绩。他们永远不知道什么是“将就”，这可是一门大学问。他们不懂得压制欲望，一心只想玩乐。他们只要有钱就去消费，就算欠下债务也无所谓。

整天毛毛躁躁、大手大脚的人不会成功。这种人道德观涣散，做事缺乏条理，根本不可能成功。他们花起钱来从不精打细算，根本就不可能有积蓄。如果给这样的年轻人提一条建议的话，那就是在钱的问题上一定要精打细算。

无论工资有多少，一定不要超支，工资是开销的最高限额。为了以后不受穷，还要尽量地把工资节省下来。对于一个正常人来说工资足以维持生计，这一点是毫无疑问的。不管怎样，生活中的必需品价格还是相对比较低廉的，即使收入微薄的年轻人也可以过体面的生活。生活中开销大的不是必需品而是奢侈品。吸烟、喝酒、打牌、攀比才是使年轻人欠下债务的罪魁祸首。

有些年轻人追求虚荣，盲目攀比，无休止的欲望使得他们身陷债务、意志消沉、道德沦丧，最后失去了生命中最珍贵的荣誉、希望、自尊和热情，坠入了无底深渊。

入不敷出的年轻人不要再自欺欺人了，别相信什么自己东山再起的鬼话了。指望自己可以在某一天忽然成功然后将过往的错误一笔勾销，这无异于是在搭建空中楼阁，最终只会被埋在一片废墟之中。今日努力明日成功，就像春种秋收、月落日出一样顺理成章。不要再自欺欺人。自然法则铁面无私，你只要做错了就一定会自食苦果。在人生的春天播下一粒种子才能在秋天的时候期盼收获。如果种子好的话，秋天就一定会谷物满仓。

第 29 讲

金钱与欲望

想要有钱首先要克制欲望。想做生意的人最好自己手头能攒点钱作为起步资金。即使数额很小也好过背负沉重的债务。

人们通常认为吝啬抠门与精打细算是等同的。但实际上它们相差十万八千里。精打细算是指把没有必要花费的钱省下,而吝啬指的是把必须花费的钱也省下。

有的人大把大把地花钱,获得了“好人”的虚名,可同时他却债台高筑,一旦生病或者被炒鱿鱼就将成为别人的负担。这种做法绝无益处,散尽钱财,最终老来无靠,没了自尊也无法自立。

拉斯金说:“我们的语言曲解了节约的含义。节约既不是省钱也不是花钱,它代表了对金钱的管理。无论是对于时间、金钱或者其他别的事物,我们的花销或是节约都要获得最大的收益。”

托马斯·利普顿爵士说:“总有人问我成功的秘诀是什么。我认为就是要随时随地节俭。年轻人会有许多朋友,但是最忠诚、最长久、最能够满足他们所需、最能够催人向上的朋友就是一个小本子,上面写有某家银行的名字。小有积蓄是成功的首要原则。它会令年轻人自立、有身份、有活力、有干劲。事实上它会让年轻人安享成功带来的幸福和满足。如果让每个男孩都学会节俭、储蓄的话,这个世上就会出现许多成功男士。”

约翰·约白·奥斯塔说他攒下的第一笔一千美元所费的力气比后来的十万美元都多。但是如果没有这第一个一千美元的话他很可能最后老死在救济院里。

谨慎的投资就是在积累资金,你的钱越多钱增长的速度也就越快。

许多人不签书面的合同或协议结果损失了大量的钱。他们做事毫无头绪,想当然地认为对方会信守承诺。年轻人要养成把所有的协议都书面化的习惯,这对他们以后的成功大有裨益。这样他们也会同时学会节俭。凡事都进行准确的记录,很快他们就会在做生意时变得有条理。

另外,年轻人还要养成随身带记事本或者小账本的习惯,记录下每一笔花销,这会在财务上给他们很大的帮助,同时也会限制他们大手大脚。如果你不把每笔消费记录下来,想怎么花就怎么花,那么很快就会养成挥霍的坏习惯,到最后你连自己的钱是怎么没的都不知道。

通常农村里的孩子们会比城里长大的孩子们节俭，懂得精打细算。也许是因为城里有太多的花钱渠道，到处都是投币机、水果摊儿、糖果摊儿和各种各样让孩子们掏腰包的玩具。这些诱惑在农村就不存在。农村的孩子和城市的孩子对待钱币的态度是不同的。对农村的孩子来说，钱币不仅仅代表金钱还代表着更多的机会。他把口袋里的零钱数来数去，心中憧憬着攒到一美元时要做些什么。从小父母就灌输给他攒钱和存钱的重要性。城市里的孩子通常钱来得容易花得也容易。

如果小孩不把钱藏在家里，大人口袋里随身带钞票和零钱，那么他们在外面花起钱来一定是大手大脚。手一下子就伸进口袋里把钱掏了出来，甚至都没有仔细想想钱花得值不值。换句话说，钱包不紧钱就会花得很快。

要养成存钱的习惯。如果你离银行很远，先不必把钱放进银行，而可以把它藏到一个比较隐蔽的地方。

富兰克林说过："如果你学会支出少于收入，你就已经手握点金石了。"他说道："让诚实和勤奋伴你左右，永远比你的收入少花掉一便士；你的钱包很快就会鼓起来，债主也不会上门讨债了，你也再不会忍饥挨饿。"

一个家庭环境很优越的年轻人要去学印刷。他的爸爸说，只要他继续住在家里并且每月从他微薄的工资中拿出些钱来交伙食费，就同意他去当学徒。年轻人觉得这样很苛刻，因为这样一来他就几乎剩不下什么钱了，但他还是听了父亲的话。当他成年并且熟练掌握了这门手艺时，爸爸对他说："孩子，这就是你当年做学徒时交给我的伙食费。我从来都没有打算留下这笔钱，一直给你留着。我还会多给你点钱，你就可以自己做生意了。"年轻人充满了感激，明白了爸爸的苦心。他的伙伴们都养成了胡乱花钱的坏习惯，很多人都身陷贫困、满腹牢骚，而他却可以有自己的生意。几年后他成了全国最富有的印刷商之一。

每一代人都重复讲述这个故事，实际上往往是手中有一点积蓄的人最后掌握了大量的财富。"不可低估贫苦的日子。"

节俭是一种美德，可是今天的年轻人却不屑于此，甚至以此为耻。可是上帝就是节俭的模范。他创造奇迹，用少数的面包和鱼就喂饱了无数的人，他要求门徒们把碎屑都收集起来，不允许有丝毫的浪费。他的言行说明了一个真理，或者说在教给我们一个真理。他教导人要节俭，就像古训所说："勤俭节约，吃穿不缺。"

毕竟稍微地克制自己，削减自己的必需品总是比受良心谴责、被上门讨债、噩梦缠身、颜面尽失、良心受辱、遭人役使简单容易得多。"穷理查"是个非常勤奋的人，按他的话说："宁可饿肚子，切莫去借债。"宁可暂时受穷，忍受贫穷带来的诸多不便，也总好过身陷道德的泥潭无法脱身，最后丧失正直、诚信、荣誉、个性和男子汉气概。本来是人生大海中的一艘巨轮，千万不要最后却被海浪拍打得只剩下破碎的残骸。

“知足者常乐”，但这不适用于债务缠身的人。他只能整日忧心忡忡，消耗体力，丧失斗志，没有了事业成功所必需的平和与宁静。

第30讲

推销有术

要想赚钱，最好的办法就是要懂得推销之道。懂得推销才会永远拥有市场。懂得推销之术的人绝不会失业，而且人们总是不惜出重金聘用。

“推销术”指代的范围很广。鞋垫的伙计、保险代理人、大银行家或者是百万金银过手的股市经纪人都可以叫作“推销员”。他们各自推销着不同的产品，构成了商品交易中的一分子。

对于那些从底层一步步做起的成功商人来说，没有什么是不可能做到的。以保险业为例，从培训做起的、好的地方代理人会升为地方经理，地方经理又会升为区域经理。如果他具有组织才能，很快又会被任命去管理公司的一个部门或者是总部办公室。他步步高升，工作带给他的不仅仅是薪水还有许多的附加值。他善于营销，逐步建立起自己的客户群，在自己的圈子里颇有影响力，甚至连竞争对手都不惜一切代价要把他争取过去。

人人都要掌握营销术。首先，你要具有如下品质：礼节、策略、才智、自信、表达能力、诚实守信、扎实的学识、对产品的信心和圆满收尾的能力。其次，处理手头的事情要态度诚恳、信息灵通，还要兼具聪明才智。这些品质加上诚挚和高尚的品德将使你不仅成为成功的推销员，而且在任何职业上都将所向无敌。

这些品质一般都是后天形成的。一个小男孩如果在课余时间或假期去学习推销之术的话，那他能很快学到从其他渠道根本不可能学到的成功技巧。他和不同的人打交道，努力地去说服他人，最后建立起自信。老板很快就会注意到他，他的能力会得到进一步的开发。

无数人在求职，同时老板们也在寻找能够“不负众望，完成任务”的帮手。老板们要找的人应该是在任何条件下都能够不辱使命的人。

有两个旅行推销员，他们在同样的地区卖着同样的产品。其中一个人的销售额是另一个人的四到五倍之多。他总是可以找到大笔的订单。由于业绩优异，他的薪水也要高出许多。每一次出门他都是信心满满。而另一个人却领着微薄的薪水，连工作都勉强保住，总是觉得前面困难重重。他每次带回来的不是订单而是各种各样的借口。他不具备前一个人披荆斩棘的能力。他不能面对顾客的质疑,也无法说服顾客购买自己的产品。

要想成就事业就要有不达目的誓不罢休的魄力,去完成别人眼中不可能完成的任务。

第31讲

有条不紊

一个经商多年的上了年纪的商人破产了。当债主找上门来时看到这位商人正在冥思苦想,试图找到失败的原因。他嘴里不断地重复着:“神啊!我为什么会失败啊?”

债主环顾了一下四周:“你的货物很多啊。”

“是的,有一些吧。”

“你最后一次盘点货物是什么时候?”

“盘点?把所有的货物都清点一遍?”

“是呀。”

“再列出个单子?”

“是呀。”

“把地板和货架打扫干净?”

“就是这样。”

“窗玻璃和店铺门前也要打扫?”

“对啊。”

“这我可没做过。十五年前，有一天我刚要这么做来着，镇里正好有一场摔跤比赛，我就没有盘点。神啊，可怜可怜我吧，我到底为什么会失败啊？”

定期盘点库存，准确地记录在册，资产负债表一目了然，这些是在任何地方经商都要具备的必要条件。连自己的处境都不清楚的人是不可能在世上立足的。

同样，每家公司都应该具有条理性、系统性和前瞻性。

美国个人信用调查协会主席说过：“我和无数的商人打交道，我认为如果公司的管理者清楚地了解公司状况并且能准确判断每笔交易所能带来的后果，那么有很大一部分的公司是根本不会破产的。”

在很多公司，货物横七竖八地摆放，没有人整理，工作人员要想找到货物得花上很长时间。许多年轻人因为养成了“暂时先这样吧”的坏习惯，一辈子的发展都因此受限。东西掉到地上也不理会，“暂时先这样吧”。衣服随手到处乱放。衣领、袖口和领带一会儿放在这里一会儿放在那里。要是中间突然有点别的事，他们随手就把手里的东西放下，以为可以等以后有时间再收拾。等他们长大成人时，他们就已经养成了随手放置东西的习惯，“暂时先这样吧”，这样的借口会使他们一生都杂乱无章，毫无头绪。

先把东西放回原处是不会占用很多时间的，甚至可能会节省时间。如果你不这么做的话，很可能以后也不会想起要把东西放回去。把东西放回原处或者是该做什么的时候就做什么，这样可能会造成一些不便，但是这种有条不紊的习惯会使你的能力得到无限的扩大，在将来也会省下很多的麻烦。

很多人弄不懂自己为什么不成功，而他们的桌子就可以揭示一切，透露出他们能力受限的根源。乱放的纸张、只写了一半的信件、乱七八糟的抽屉、布满灰尘的文件架和一堆堆报纸、信件、手稿、小册子、空信封。这一切都在说明问题。

如果我要去雇用一个人，我不需要什么推荐，只要看看他用过的桌子、房间、柜台或书本就可以了。我们周围都是泄密者，无论人们如何加以掩饰，我们都可以找到些蛛丝马迹。言谈举止、衣着神态，甚至是眼神、衣领、袖口都在向世人透露着我们的一切信息。如果你不知道自己为什么不能成功，那就看看身边的这些信号吧，它们会告诉你为什么你会深陷贫困、发展受限以及职位低微。

做生意也不能凭三分钟的热情。今天高兴就干劲十足、一反常态，明天热情退去整个人就又变得懒散、粗心、提不起精神。忽冷忽热是难成大业的。成功需要不断的勤奋、时刻警惕和极大的耐心。

第32讲

我能自己创业吗

百万富翁们很乐于建议手中小有积蓄的年轻人自己去创业。百万富翁们随口一说，但是这样做真的是对的吗？

这个世界高度垄断，弱肉强食，大鱼吃小鱼；富人更富，穷人更穷。当年轻人拿着自己微薄的血汗钱要自立门户时，一定要非常谨慎。

管理能力、坚强的意志、精力、动力这些能使人生意成功并且站得住脚的本领，不是每个年轻人都具备的。

看着那些独自创业的人到头来四处碰壁，有些人宁愿为别人打工赚薪水。经营者可能会失败、受挫、遭遇险境和磨难，但是领薪水的人就没有这么一份担心。

许多赚薪水的人在纽约时尚街道上或是其他城市有着自己体面的工作。他们在城里和乡村都有自己的房子。他们有游艇，有汽车，日子过得比许多大公司的老板都要滋润。

现在可不是独自创业的好时机。各行各业都开始集中化。小本经营者遭到了致命的打击。似乎各个行业最后都会被大公司吞并，小公司只好归于沉寂。以大百货公司为例，人们的生活所需在这里几乎应有尽有。

以美国的书店为例。它们只是百货公司内部不同的部门，而且由于它们不是专门出售图书的，所以没有必要像图书经销商那样要顾及种类的齐全。它们只是挑选一些畅销书目。同时，它们只是一个部门，不是一个既要有店主又要有店员的公司，所以它们能以低于普通图书销售商的价格出售图书。普通的图书经销商们不得不保持图书的种类齐全，因此会采购些无人问津、最后还极有可能赔本的书籍。换句话说，图书部门无须造价不菲的店面，只需很少的租金，再加上一个人来管理就行了。药房和其他的部门也是如此。大城市中的许多家庭经营的小商店最终都被这些大店铺吞没了。

多年前，纽约有个商人专门销售英国产的丹特牌手套，他的生意逐渐有了一定的规模。这时纽约一家更大公司的老板买下了丹特工厂生产的所有手套，把这个商人彻底打垮了。大城市里每天都发生着这样的事情，大公司吞并小公司已经成为一种趋势。

因此，我并不急于推荐年轻人在集中化非常明显的行业里自己创业。

今天，广告铺天盖地，不出家门就可以了解各种商品信息。

大公司每天花在广告上的钱比年轻人的全部家当还多。百货商店花大价钱雇人装饰橱窗，竭尽全力地去吸引顾客。店内设有画廊，等候区甚至还有音乐家表演。那些怀揣着三五千美元就想在大城市里创业的年轻人，在大百货商店的鼻子底下，又有什么成功的机会呢？

年轻人在动手做事前一定要计算好成本和成功的概率。如果你想做个商人就要向百货商店学习，跟商店的主管人员交流，因为这个人以后很可能会令你破产。众所周知，大公司经常会雇用一些创业失败、在激烈的竞争中败下阵来的人。

我绝不是在给那些想自主创业的年轻人泼冷水。相反，我鼓励年轻人在风险不是很多的情况下自主创业。但是，如果我不把路途中的那些令无数人无功而返的岩石和险滩指出来，就是我的不对了。

另一方面，年轻人要抓住一切机会发展自身。通常，敢于闯荡的年轻人比起那些打工者意志更加坚强、精力更加充沛以及更加独立。想独立创业，你要有宽广的心胸和视野。挣扎着勉强维持收支，不断地磨炼意志来应对挑战，时刻提防着公司突然倒闭，尽力地让头露出水面，保持警觉、坚定，一丝一毫不能偏离方向，货物定位要准，不能撒谎欺骗，甚至有时还要亏本倒贴——这一切都是在磨炼着人的意志。

经营是最好的老师，它教会你深谋远虑，自给自足。当年轻人自己经营时，他不能依赖任何人。没有了拐杖，他必须挺直腰板、自立自足，否则就会重新沦落到以前的附属地位。

一直都在为别人打工，通常会泯灭一个人的天性。他们发展受限，无法全部发挥自己的能力。只有在自由的状态下人的生命才会完全绽放。行动自由、思想自由、表达自由，唯有如此，人才会最大限度地成长。

通常为别人打工时，不必学习、思考和规划如何进行经营管理。一旦下了班，他想都不想公司里的事，也没有了任何责任。公司财务状况跟他的关系也不大。这个人负责统筹规划的官能被搁置不用了。他不必随时保持警惕，抓住一切机会；他的创造力和执行力都没有得到发展，整个人都是没有进步的。

我建议年轻人自主创业，不是因为可以聚集大量的财富，而是这么做非常有利于他们自身的发展。有些人为别人打工数年，他们的能力和自身都是停滞不前的，但是当他们自己创业时，才华得以发挥，个人也得以成长。

通常年轻人的启动资金非常少。他们只有靠自己的判断力、执行力和预测力，每一根神经都绷得紧紧的。他们只有人尽其才，物尽其用，追求利益的最大化，才会取得成功。

事实上，人生最好的课堂就是在这个世界上不断地摸爬滚打。这样，能力才能得以发挥，性格才能得以形成，任何一所大学都无法与之相比。

小本经营的年轻人有很多的优势。他们资金不足就会对机会更加警觉，寻找一切机会来改善自身条件，最大限度利用手中的资金，不造成丁点儿的浪费。他们有精力、有动力、有决心，可以冲锋陷阵，战胜任何困难，让手中的每一分钱都发挥最大作用。这些钱在百万富翁手中就绝对没有这样的价值。

独自经营的年轻人每一分钱都物尽其用。当战场上的士兵手上只剩下一发子弹时，他就必须仔细地瞄准，让其击中目标。年轻人的每一分钱也是如此。

自助的年轻人也会得到大家的帮助。人们尊敬他的努力，乐于和他做生意，还会给他做宣传，介绍自己的朋友过来。如果年轻人具有成功的潜质，善于为自己做宣传，有着迷人的个性，同时又可以目光准确、精打细算、诚实经营、努力勤奋、占有上佳地段的话，他就非常有可能成功，哪怕前面困难重重，哪怕手中只有微薄的资金。

第33讲

负债经营

也许你会说如果可以借到钱的话，你就可以用它来赚钱。但是，情况也可能恰恰相反：年轻人用借来的钱作为自己的启动资金，成功的概率非常低。事实上没有人会相信这些初出茅庐的新手们，也不会愿意拿自己的钱去冒险支持他们。如果你已经开始经营并且展露出了成功的潜质，现在只是需要借钱来扩大规模，那就是另外一回事了。当你的能力得到了证实，有了一定的信用基础，人们才会放心地借钱给你。

假如你想向人家借钱，对方先要了解你在选人、用人方面的能力。在生意场上是否会成功，取决于你是否会看人，能否择良将为你效劳。虽然诚实厚道也是成功的基础，但是却远远不够。这世上有许多老实人，他们宁愿砍断手也不会偷人钱物，但是在管理方面他们却丝毫没有才能。

刚起步时规模可以稍小一些。当你展现出自己的才华和能力，将生意经营管理得有声有色，觉得有必要扩大规模时，你根本就不用愁没人借钱给你。

比奇建议他的儿子说："躲债如躲鬼。"牢记一定不要因为个人的花销而向别人开口借钱。

《穷理查年鉴》用简练的话语总结道："向人借债，自寻烦恼。"无数的实例可以证明其中的道理。当然这一点不适用于那些出于自身以外的原因不得已而欠债的人们。难以预测的灾难或者是谨慎经营、大有前途的生意突然失败经常会使许多勤勉、审慎的人们陷入危机。这些人非常害怕欠下债务，但是现在除了借钱别无出路。对于这样的人根本就不用警告他们一定不要超支或者不要入不敷出。他们必将遵循资深牧师马瑟的教诲："以乌龟的速度借钱，以雄鹰的速度还债。"

在经营过程中难免会产生借贷，可能是借出也可能是借入。这种借贷形式也许对社会的发展会有益处，但是还是要加以限制。

年轻人一步入社会就想马上施展才华，成就满腔的抱负。不管怎样一定不要欠债。债务会像讨厌的病毒一样蔓延。如果想实现自己的理想，达到自己所期待的高度就必须牢记基督教的训诫："不欠任何人任何东西。"

荒唐的债务让人颜面无存，身心俱疲，无数的有志青年因此断送了前程。这些人本来可以成绩斐然、受人爱戴，结果却为了满足自己的虚荣心，纵容小恶习弄得债务缠身。借钱给他们的朋友虽出于好心却也是颇欠考虑。债务缠身者虽然一开始只是借一点点的钱,可是却打开了一个豁口,浑然不知自己已经向堕落的深渊迈出了第一步。

罗伯特·路易斯·斯蒂文森一生身体力行,他所提倡的完美生活就是要量入为出,远离债务。他说:“人要诚实,要善良,挣得可以很少,花销却要更少;使家人因我而感幸福;懂得舍弃;择友要宁缺毋滥;做人要刚柔相济。”

无债一身轻的生活才是完美的。纽维尔说:“支出少于收入可以让人自给自足,提防债务的风险和侵蚀。我们这个时代的人们要加倍小心,要比以往任何时候都想回归简单的生活并遵循‘穷理查’的信条:量入为出。”

如果年轻人可以看到自己的未来,看见布满荆棘的道路上所走的每一步,他们就再也不会欠债。如果他们看到了自己如何道德败落,开始撒谎、推诿、找借口、躲债、欺骗,从一开始的为满足奢侈之欲而开始的小额借款到后来债台高筑;如果他们可以看到魔鬼如何嘲笑自己这般愚蠢地债务缠身无力摆脱,看到魔鬼咧嘴微笑而欠债的人终日寝食难安,他们一定会惊恐不已,回心转意。他们将宁愿忍受任何的贫穷和苦难,再不愿成为世间最冷酷的狱卒——债务的阶下囚。

债务是世上最恶毒的诅咒。只有深受其害,经历了难以名状的痛苦和折磨后,人们才会意识到它是如何使人生枯萎,理想破灭,灵感尽失,直至连最后一丝希望都荡然无存的。

第 34 讲

交际技巧

事业上的成功离不开好友的帮忙和信任。好朋友不停地赞美我们的书籍，赞扬我们的货物，津津乐道地谈论我们在法庭上的成功案例或者我们如何完美地治愈了患者。当谣言四起，他们会挺身而出，为朋友两肋插刀，捍卫我们的名誉，指责造谣生事者。如果我们不懂得交友之道，那么我们就会失去这样的好朋友。

有些人总是吃力不讨好，最终惹恼对方；或者总是言语尖酸、刻薄，对别人冷嘲热讽。

揭人伤疤、触人痛处会导致友谊破裂。恶语伤人恨难消，如果你想友谊长存就要讲究交际的技巧。尤其不要去抨击对方的品位，或是去伤其自尊、贬其能力。

每个人都有心理敏感区，不容他人侵犯。可能是面貌丑陋，可能是学识浅薄，也可能是粗俗无礼或者胆小怕事，但无论是什么，人们都不希望这些被人知道、被人刺痛，或者被拿来作为他人的谈资；如果这些遭人冒犯，甚至会与对方割袍断席，永不往来。

有一种可怜的家伙自诩很有幽默感但却口无遮拦，他每讲一个笑话就会得罪一个朋友。但他又禁不住去开别人玩笑，为此开罪了朋友也不在乎。幽默的人要想留住朋友一定要口下留德，避免讲些无礼、伤人的笑话。

交际技巧从书本上根本学不到。销售员们如果不懂交际就会卖不出货；商人们如果不懂交际也总是胜少输多。对于银行业，交际技巧与资金同等重要。保险业务绝大部分都要靠交际技巧。不讲究技巧的律师无论是法庭陈词还是与客户的交往都会以失败告终。医生在与病人打交道时尤其需要技巧。老板在处理劳资双方的关系时，如果略施技巧就可能会避免许多代价惨重的罢工事件。无数例子证明懂得交际技巧的人会仕途顺利，被委以重任。

第35讲

获取信任

获取他人信任的技巧在年轻人的发展道路上具有不可估量的价值。但是深谙其道的人却很少。大多数人总是在获取他人信任的过程中自设障碍。由于不懂礼貌、缺乏技巧或者脾气古怪，本来我们一门心思要讨好的人最后却对我们唯恐避之不及，甚至会反目为仇。

有些人要费尽周折才能改变因为糟糕的第一印象而使对方产生的偏见，而有些人却可以不费吹灰之力就做到魅力四射、左右逢源。

成功有的时候更多的是靠优雅的礼仪和迷人的性格，而不仅仅是靠能力。

比如说，最好的老师不是知识最丰富的人，而是运用技巧和引人入胜的教学方式让学生感兴趣的老师。有的销售员虽然精通业务但却举止令人讨厌，结果总是得不到赏识，常常败给了那些会讨人欢心的人。

我们天生就喜欢赏心悦目的事物，甚至有时候常常因此而被混淆视听。当图书商想方设法接近我们时，我们常常会在心里产生排斥。但是如果他很讨人喜欢，能够迅速使人产生好感，他就不但会把书卖掉甚至是卖给那些起初根本就没打算买书的人们。我们经常会听人说：“我当时根本没打算买这本书。但是那个家伙真讨人喜欢，又彬彬有礼、和蔼可亲，我情不自禁就按照他说的做了。”

虽然大多数情况下，获取别人信任和喜爱的能力是天生的，但是就像我们生活中许多的美好事物一样，只要你真心去寻找，就一定能够得到它。

如果没有这种天赋，第一步你要培养开朗的性格。面带微笑总会比一脸阴霾更能讨人喜欢，引人注意。

要怀有一颗怜悯之心。如果你希望别人善待你，你就要学会悲别人所悲，喜别人所喜。

遇到朋友或者熟人时，不要拉住人家不管三七二十一就大讲特讲自己的事，而要学会聆听，去感同身受，去体会他们的梦想、恐惧和规划。当然，这并不意味着你就只能从头到尾傻傻地听别人唠叨不休。无论对方是谁，重要的是我们是在怜悯一颗孤独的心。这样的怜悯每个人都需要。

虽然你的爱心似乎有些泛滥，我们还是要视别人为兄弟姐妹。要为人友善，在你创造的欢乐与幸福的氛围中你将得大于失。

关键还是要有始有终、坚持不懈，否则将成效甚微。今天还是友好、乐观，明天就变得生硬、粗俗；或者一会儿去极力讨好别人，一会儿又翻脸不认人，这样做根本行不通。浮躁易变、情绪不稳的人不会得到别人的信任。

第36讲 信用的基础

许多刚开始创业的年轻人错误地认为金融信用只是跟财产或者资金有关。他们不明白人的个性、可信度、经商才能和刻苦的秉性在商界中远远比几百万美元重要。

要想在商界中拥有左膀右臂、良师益友，就必须要有良好的信用。良好的信用取决于有条理的办事能力、可靠的人格和准确的判断力。

银行家们可以一眼就看出上述品质。如果一个人虽然继承了大笔的财产，但是却没有经商能力并且为人极其不可靠，那么批发商是不会赊账给他的。比较那些资金雄厚的起步者来说，白手起家的年轻人通常更有精力，能吃苦，并且非常警觉，能够抓住商机，同时为人更加有礼貌，更加乐于助人。

批发行业的信贷人员通常能够很快看出他们的准买家是否具有成功的潜质，并且在估计赊欠给对方多少钱才是安全的问题上，他们很少会犯错误。

有些刚起步的年轻人会把自己的人品当成资本，他们所欠下的每一元钱都是用他们的人格在做担保。这样的人通常会成功。

拉塞尔·赛奇说："成功的秘密就是要保持良好的信用记录。"

要经过多年的努力才会获取别人的信任，此时你就会很容易地去广泛开展业务。

《布莱德斯特诗选》的编辑约翰·格雷纳先生曾经就信用的基础问题给我一条建议。他的建议包括下面三点：

首先，他必须注重荣誉，诚实守信。他要信守合约，言出必行。如果没有这样的信誉，生意是不可能长久兴隆的。在事业刚起步的时候如果缺乏这种信誉将会是致命的。这种品质最为人们所看重。

其次，有信用的年轻人必须在别人的眼中是个精通业务的人。他要多才多艺，博学多闻。同时他最好在某个方面是极其精通的。这是一个分工精细的时代，劳动进行了前所未有的细分。从长远来看，通才或全才未必会像专才那样成功。专才在某一方面可以做得比任何人都好。他们一技在手，受人信任，成功在握。

再次，对于渴望成功的年轻人来说，个人的习惯也极其重要。通常人们会认为这一点与成功或者失败毫无关联。有许多人已经取得了不小的成就，却因为不良的习惯而功败垂成。人们很容易忽略自身的缺点，但是这些缺点却难逃他人的法眼。不可否认，一时的习惯会慢慢变成性格，不良的嗜好会侵蚀掉最初的一点美好的天赋，最终令人黯淡无光。最初难敌诱惑，最后身陷险境。

满怀壮志的年轻人所能作出的最好的、最能够影响未来的决定应该是：拒绝诱惑、绝不放纵。杜绝不良嗜好，杜绝非法交易，规避风险投资，绝不赌博。即使是娱乐消遣也要保持端庄得体，这样很容易让人心生信任；反之则会令人厌恶。统计数字显示有相当比例的商业失败例子可以直接追溯到不良的个人习惯。

查理·克拉克应我的邀请对这个话题作出了下面的回答：

社会以诚信为基础。如果不是无数的先人们互相信任就不会有今天的文明；如果没有当今人们的相互信任就不会有文明的进一步发展。这是显而易见的事实。我对全国商人和他们的企业进行了近四十年的仔细分析后发现，数千个商人的破产就是因为他们没有充分地认识到这一点。今天，许多人没有意识到他人的信任对自身的重要性，因此也就没有去全力争取，最后灾难从天而降。我想告诉每一个年轻人，他们的每天工作都是为了增加自己的信用度。好的意图不一定会有好的信用。好的意图必须与自身的能力结合到一起。他要有能力实现目标,履行义务。因此良好信用的基础应该是全面的人格加上专门的技能。在事业的起点,年轻人一般不具备必要的经济地位和能力,但是他可以利用自己良好的人格建立商业信用,成为一个事业有成者。在收集排名所需的个人信息时,邓白氏集团看重的不是企业的规模或者个人的收入。虽然这些也很重要,但是并不够。他们所关注的是人本身——人的性格、习惯和该人的以往记录。

我们的一言一行都有人在关注着,再微小的事情也可能会给他们留下深刻的印象,但是年轻人对此却知之甚少。

如果年轻的借债人逾期不还,拖欠了好几天,那么成功的商人就会对他产生偏见,甚至不愿与之讲话,完全失去对年轻人能力的信任。

这个年轻人可能会觉得既然对方已经知道自己很诚实,那么拖欠一两天对这个百万富翁来说无关紧要。事实是,这一点对于对方是否信任他是至关重要的。

许多年轻人不太在意自己的银行记录。他们经常透支又不及时还款。他们为人诚实只是有些马虎大意、缺乏条理,但却因此失去了信用。

好的商人做事迅速,他们可等不起办事拖拖拉拉的人。速战速决是他们做事的首要原则。如果有人违约、拖欠、做事粗心，他们就会对其失去信任。

要想有好的信用，一定要做事迅速、准时。邋遢、慢吞吞、拖沓只会败坏人的信用。

商人不喜欢和需要自己时刻监视的人打交道。在交易中他们需要确定无疑，安全无虞。

毁掉一个人的信用和名声根本不用太长时间。一个人数年来兢兢业业、勤劳本分，由于某个粗心、健忘、邋遢的做事方式便可能顷刻间就信用全无。

第37讲

招贤纳士

年轻人要学会与贤者为友，找能人相帮，这样才会在商界中获得成功。

卡耐基先生曾经说过，他的墓碑上要刻上这样的碑文："埋葬在这里的是个知道如何跟比他自己聪明的人相处的一个人。"

有许多人获得了成功，很大程度上就是因为他们善于招贤纳士，手下兵强马壮。美国人似乎天生就很善于观人、用人。

一个人如果识人不准、用人不当、管人不精，就不能领导一家大企业。

某个杰出的银行总裁告诉笔者，他之所以成功就是因为他天生非常善于识人、用人。在重要岗位选人方面他从未出错，一旦这个人上岗，他要让这个人明白整个公司的成败都将系于他一身。他用人不疑，很少对其工作横加干涉，而结果却常常是令人满意的。

然而不是每个人都可以做到人尽其才。许多人能力非凡却创业失败，不是他们不努力而是他们不懂识人，缺乏领导才能和管理能力的人却被他们委以重任。

一样通的人未必样样通。人们常常错误地认为，既然一个人文笔很好他就可以管理公司。实际上这两个领域存在着天壤之别。一个领导者要懂管理、有创见、善于组织、能系统规划，否则将会一团糟。

有的商人不懂用人，结果搞得自己疲于奔命，去收拾不称职的部门主管留下的烂摊子。管理者不应事必躬亲，他只负责制订计划然后让手下人不折不扣地加以执行。实际上身为公司的领导却要为琐碎的事情劳神，这是能力不足的表现，表明他缺乏远见，不懂用人和管人。

许多大公司的老板很少待在办公室里，他们旅游，打高尔夫球，生意却照常有条不紊地进行。他的手下全都各司其职，忠于职守。

善于使用贤士能人、甚至是比自己强得多的人，这是一门不小的学问。

许多大公司的老板旗下招募了一批比自己能干得多的精兵强将。如果有机会，这些人的成绩甚至会超过他们的老板。

事实上很多人都没有机会了解自己能力的极限。年纪尚小时他们就谋得了一份工作，而且一直稳定，凡事都由别人打点，他们也乐得如此，不必像老板那么拼命，也没有什么事情需要自己全力以赴。

乱世才会出英雄，巨大的压力下人们才能开发出自身的无限潜能。

当国家面临巨大的危机，比如说内战，英雄往往会应运而生。林肯、格兰特、法拉格特、谢尔曼响应时代的号召挺身而出。而在和平年代，没有压力没有危情，英雄们归于沉寂。他们也许就在我们的身边，可是空有一身本领却无处施展。

今天在无数的地方都沉睡着默默无闻的巨人，他们随时准备一跃而起，迎接挑战；但是大战之前，他们只是无声无息。

没有什么会比得到本行业高手的认可更能够激发一个人的潜能了。

当一个人是部门主管，系全部责任于一身时，他的名声备受考验，他必须用尽全身的力量才会不辜负栽培、提拔他的恩人的厚望。但是另一方面，如果并不是他一个人在负全责，他的老板总是不停地干预，他就会觉得自己没资格参与重大决议，于是便偃旗息鼓，只能负责日常琐事。

第38讲

老板，你能做什么

我们到处都能听到人们在抱怨一将难求。个人和企业都面临着这样的难题。报纸杂志对此观点不一，但却一致认为要找到一个称职的管家、职员、速记员或者各种技术工人，从未像今天这样困难。我们很少听到对雇主的讨论或批评。不良雇主也很少会登上报纸杂志。他们吝啬小气、吹毛求疵、作威作福、蛮横无理但是却丝毫不担心会受到指责和非难。他们随意发火，责难员工却无人反抗或抱怨。而雇员们哪怕只是忍无可忍发了一次火，向雇主说出实话，他都有可能被解雇或者受到严厉的谴责。为了每月几十美元的薪资，他们付出了自己最好的东西——精力、热情、脑力和体力。为了让老板高兴，他们牺牲掉个人的正常娱乐，牺牲了自身提高的机会，甚至是他的家庭。

在做了多年的雇主之后，我认识到公司间的差别不在于雇员而在于雇主。好的雇主可以开发出人们的潜质，使人们表现出自我的最佳状态。我们总是通过别人来看自己。世界像是一面镜子，你笑它也笑，你哭它也哭。所以从雇员身上就能看到雇主们对他们的态度如何。

当然，总是有些雇员确实不能胜任自己的工作。但我们不能忽略这样的一个事实：在一家公司被叫作"呆子"的人到了别的公司却成绩斐然。我花了好大的力气对那些因为不称职或不听话而被开除的雇员进行跟踪调查，吃惊地发现这些人后来不但身兼要职且完全得到赏识。他们的成功不是因为他们吸取了上次被开除的惨痛教训，而是在不同的工作条件下不同的老板对他们的态度发生了转变。前任老板对他们缺乏信任，小气冷酷，结果雇员也以恶报恶；而现任老板对他们信任有加，宽以待人，雇员们也就以善相报。

有些雇主用人无道，为人小气，不讲情面，结果得不到员工的最佳服务。

只是机械化地、硬着头皮去做事和怀着主人翁的热情、精力充沛地投入工作中，两者间有着天壤之别。它能决定事情最终是成功还是失败。

苛刻、挑剔、不懂欣赏的雇主只能得到前一种服务；宽宏大量、为人慷慨、有条不紊的雇主得到的是后一种服务。

雇主应该以人为本，视员工为同事与合作者而不是受他颐指气使的人体机器。要让员工从一开始就对工作产生兴趣。

当雇员全力以赴去工作时自身也会得到进步。这对于雇主和雇员是件双赢的事情。

对于苛刻、贪婪的雇主，雇员们只会回报以潦草和心不在焉的工作。没人愿意去提意见或者对工作加以指正，公司的成败对他们来说无所谓。事实上，如果不是为了生计，他们倒是很乐于看见公司垮掉的。

在这样的工作条件下，工人们自身也是不断退步的。他们停止思考，头脑迟钝，只是机械地工作着。

有多少雇主能认识到自己在公司的成与败、雇员道德的提升与堕落方面担负的重大责任呢？是不是有些人会认为只要自己付了钱就有别人替他干活，而自己就没有任何责任了呢？许多雇主认为，只要花钱就可以像买下其他任何商品一样买到别人的劳动，而他们的工作也就完成了。他们再也不会费心考虑员工的福利或未来发展的问题。这是一桩冷血的交易——一分不多，一分不少。

一个刚二十出头的年轻人管理着一家大的磨坊，年薪达到了一万美元，他骄傲地说他得到升迁是因为他有能力榨取出工人们最大量的劳动。他把工人当成奴隶来使用，普通的一天不能满足他的要求，工人们只好从早干到晚，体力达到了极限。工人们心里清楚如果他们不这样干就会被视为无用而被炒鱿鱼。在中东的某个城市也有这样的一个雇主，自诩可以花较少的钱就雇到能干的帮手。

无论是从利己的角度还是从道德的角度来看，这些人的工作方法都存在着漏洞。从长远来看，被榨干的劳动者所提供的勉强的劳动与心甘情愿、满心欢喜的劳动者所提供的劳动相比，既不会令老板满意也不会维持长久。

员工们能够很快注意到雇主们的态度。他们会看出雇主是否为他们着想，关心他们的福利，还是只是把他们简单地看成是劳动的机器，在榨干他们最后一点血汗后就会将他们抛弃。

雇主们最大的诚意应该体现在对员工的福利上。劳资双方利益相连，不可分割。公司运营所必需的员工的福利与安康是雇主们最大的财富；当雇主们全力去提高、改善雇员福利待遇时，他们其实是在做一项包赚不赔的个人投资。

俗话说善有善报，如果雇员们感受到了雇主的重视和好意，他们就会用心去研究如何可以节能、省时，如何能够提高效率，改进工作方法。

雇主对工作的认可、赞扬会令员工欢欣鼓舞，加倍努力。而这往往又是雇主们最吝惜、最少给予的。许多雇主认为给员工太多的好脸色会削弱士气，使他们不再积极努力。这是对人性的极大的误读。人们天生渴望得到认可。心胸开阔，对员工如家人般呵护的雇主总是会得到员工忠诚、无私的回报。

要想让员工有上乘的表现，就要使他们加足马力，心怀理想，充满斗志。如果雇主怀疑员工的忠诚，担心他们会在自己不在场时玩忽职守，同时又不懂欣赏，是非不分，这将给双方都造成巨大的伤害。怀疑和不信任就像一盆凉水，熄灭了员工的热情，抑制了他们的抱负，从此他们不再有创意，也不再去分担公司的责任。他们只是漠然、敷衍地完成手头的工作，不时看看钟表，一想到下班后就可以从这份苦差使中解脱出来，他们便满心欢喜。

另一方面，如果雇主总是对员工赞赏有加，盼其成功，助其发展，不但会令他们斗志激昂、精神抖擞、完全忠实于企业，更会让双方形成真正、持久的友谊。

雇主们很少意识到自己对员工的生活所产生的或好或坏的影响。年轻的工人与其他行业的人接触较少，经常会把自己的雇主当成榜样，他们所有的商业道德理念都是在这种环境中形成的。年轻人善于模仿，有意无意地就接受了自己顶头上司的价值观、理念和行为方式。老板系统、迅速、严格、有板有眼的做事方式，很快就会体现在手下人的生活中。老板高度的荣誉感、诚实守信和对成功黄金法则的遵守，都将在员工那里引起共鸣。

另一方面，雇主们邋遢、迟疑、迷惑、缺乏条理的作风，也会深深地印刻到员工的性格之中。雇主们的阴险、狡诈、卑鄙、见不得人的交易和满嘴的谎话，也会令手下人道德败坏，他们会很快忘掉老师们的谆谆教诲和慈爱的父母临别前满含热泪的忠告。

有的雇主令手下人道德沦丧，而有些雇主却用自己的人格魅力带领下属走上了一条光明大道。只有当双方都认识到了自己的责任和义务，彼此间不再怀疑；只有当雇主学会了欣赏而雇员们拥有了主人翁精神，劳资双方旷日持久的争执才有可能结束。

第39讲

广告的艺术

没有广告就如同做生意没有雇员一样。

在这个竞争激烈的时代，一定要让大众知道你的产品。许多年轻人虽然可以定位准确，保证货源，但却因为不懂广告而经商失败。

年轻人经常不懂得如何去编写和布置广告，结果浪费了大笔的金钱。他们应该研究一下成功的广告案例所使用的方法。

撰写可以抓人眼球且经久不衰的广告语是一门大学问。广告语要做到常听常新，历久弥新。它应该有旺盛的生命力且要一语中的，达到宣传的目的。好的广告能广而告之，就像无声的销售员，卖力地推销自己的产品。

能写好广告语的人比只会给产品分类、贴标签的人有许多的优势。当今形形色色的物品被推到了大众的面前，如何才能巧做宣传真是一门大学问。广告要想成功，首先要有好的广告语、合适的载体以及令人顿生好感的魅力。

只是把产品的名字生硬地推到公众面前是毫无意义的。好的广告语要做到简练、醒目、振奋人心、引人注目。索然无味的广告语很快就会被人忘掉。除非产品本身是人们极其需要的,否则人们根本不会理会毫无趣味的广告。吸引力和准确性两者缺一不可。

在报纸或其他载体上简单地写下产品的名称就万事大吉的时代已经一去不复返了。广告已经是一门精细的艺术,一种专业。想要成功的年轻人要像画家先要选好画布一样,首先要想好自己的广告语。大公司广告部的人员通常会拿到丰厚的薪水,甚至会高出一些部门主管。

永远不要在广告中诋毁对手,这样做是在告诉别人你对对手的恐惧。不可夸大其辞,不可低级趣味。务必简单、求实、直接;话语少而精;对产品的特色不断重申,加深印象。

要用广告激发人们的需求。成功的广告要凸显产品的特色,只是夺人眼球并不是目的,要让人们乐于掏钱购买。

对于刚起步的商人,要树立自己可信的形象,务必要言出必行。

我认识一个年轻人,他说:“我的广告效果不好,但是广告写得可真是不错。”我问他是在哪里登的广告,他说:“我在一家周报上登了三次,花了 1.5 美元。”花在这种广告上的钱真的是白白浪费了。成功的广告一定要锲而不舍,不断地冲击人们的眼球直到大家都耳熟能详。

每个人所采用的方法各有不同,但总有可以借鉴之处。第一步要引人注意。我们看看立顿先生在格拉斯哥开食品店时是怎么做的吧。当时他还小,完全用小孩子的思维思考。他带上父亲最好的两头猪,将它们冲洗干净、洗刷一新。两头猪拉着一辆红色的小车,车体上写着“到立顿店去”。好奇的市民在大街上跟着这辆奇怪的小车一直走到了立顿的商店。店内粉刷着和车一样的红色。结果这家店大获成功,很快在全世界开了 500 多家连锁店。

立顿说道:“有一回一辆载满货物的货轮正在非洲海岸上航行,突然遇到了大风暴。货轮需要卸货减压。一度轮船几乎失事。当时我脑海里所想的不仅仅是要损失掉这批茶叶。我把茶叶都倒在了甲板上,忽然有了个绝佳的广告创意。在每个袋子上,我用大的黑色字体写上‘立顿茶’,然后把它们从船上抛下,指望会漂到非洲海岸上,让那些从来没听说过立顿茶的人拾到。果然,我的办法奏效了。”

接着,伦敦收到了一封关于这次海难的电报,上面只写着“立顿”。劳埃德银行不知道谁是立顿,于是展开了调查,发现原来电报的发送者是一位茶叶大亨。

在悉尼的新南威尔士州海港上,托马斯·立顿爵士的广告创意也很值得借鉴。几年前,澳大利亚发生的一系列谋杀案使全国陷入了恐慌。犯案者逃往旧金山,结果被抓获并被带回到了澳大利亚。押解的船只一到达立刻引起了人们极大的关注。早上，数百名水手走出悉尼港口押送这艘船停泊，这时海面出现了二十多艘帆船，每个船帆上都用醒目的黑色字体写着“立顿茶”。

约翰·沃纳梅克曾经放飞过广告气球，如果有人能拾到气球并送回到他费城的店里就会被奖励一套衣服。他之前曾为此作过大量的广告铺垫，全城的人都开始关注这件事情，他的商品也因此得到了公众的关注。

美国德卢斯市的古德尔在《店主的标准》中就如何开始经营杂货店这一问题写道：

开业前做三周的广告，告诉大家开业庆典上不卖任何商品，但有免费饮料提供。广告中有奖征集最佳的店铺名称，所起名称要符合三周广告内所宣传的店铺的政策，当然广告的内容也是不断地变化的。参与者都可得到一份奖品或纪念品。开业庆典当天绝不卖货，而是要与来店的每一个女性结交朋友。店内货品摆放精美，价签醒目，到处都张贴有本店的座右铭。年轻的女孩穿着日式服装挨桌提供饮料。所提供的咖啡、茶和可乐都是某个特殊品牌、由专门人员调配的，这些品牌在本店以后的销售史上将位居前列。批发商也会派专人来店里进行产品演示。在一些带盖的玻璃盘子里摆上知名品牌罐装食品的样品。店员们也应积极参与其中，热情解答、友好待客。

古德尔说：

我至少投入75%的广告费到当地的主流报纸上，和出版商研究该用多大的版面连载一年或者半年。这样就会避免以后不断地变换版面或者内容总是一成不变。对于广告资金有限的杂货商，报纸无疑是最好的媒体。人们一般都有读报纸的习惯。报纸走入千家万户，并且人们在读报纸时通常会把手头的活儿都停了下来，因此更加有时间进行思考。我认为女性读者中几乎没有人会不看广告。商人们要努力让他们的商品、店铺、价格等广告值得一读。

人们想准确地知道他该付多少钱，也想准确地知道他付钱买到的商品质量如何。再华丽的语言和花哨的外表都不能掩盖住真相本身。

广告的创意比什么都重要；广告应该具有特色；广告人应该互相借鉴同时又应不断提高；他应该了解自己的受众群体，然后再相应地制订计划，决定是该在报纸杂志上登广告还是该派工作人员登门拜访；如果是生产商，应该把自己的名字附加到产品上，既是为了使自己为人所知也是对商品的质量本身进行担保；对于农户，如果他种植的作物本身好就不愁销路。

在企业的发展过程中，再完美的广告也比不上公司诚信和不欺诈的名声。以诚信为基础，公司才会发展壮大；以欺诈和伪劣品为基础，公司迟早会销声匿迹。

斯图尔特的诚信不仅得到了回报，而且给他带来了财运。公司里任何职员都不允许虚假宣传，恶意隐瞒。有一次，一个职员向他反映一种商品存在缺陷，同时还带来了一个样品。这时正好有位顾客进来要一笔大的订单，他问道："你们有没有什么新的、好一些的货可以让我今天就看看？"那位年轻人马上回答道："有的，先生，我们刚好有可以满足你要求的货物。"然后，他让对方看了刚才他还向老板抱怨的那件货品。他"诚恳"地向对方介绍商品的特点，最后双方成交。斯图尔特先生一直在旁边看着，他提醒这位顾客一定要好好地检查一下货物，然后转身让那位不诚实的店员到楼上出纳那里结清了工资，因为本店已经不再需要他的服务了。

店员对老板忠诚同时也应该对顾客忠诚。公众的信任是商人的生存之道。失去了这种信任，公司的繁荣将无从谈起。店员如果用高价卖掉了一件有问题的商品，也许会觉得自己很聪明而得意洋洋，但是从长远来看，这种交易表面上是赚了实际上却是赔了，赔掉了企业赖以生存的命脉——公众的信任。

美国个人信用调查协会主席说：

生产商们已经开始认识到伪劣产品的生产和销售不再是一条赚钱的道儿。谎言早晚会被揭穿。值得做广告的商品一定要有自己的优点,而广告要想有所回报就一定要尊重事实。带有欺骗性的商品在商人的手上就像是贬值的钞票一样。对待劣质商品的态度也应该像对待假钞一样。

第40讲

与时俱进

有个故事讲的是一个士兵不断地抱怨整个团部都跟不上他的步伐。我们也会经常看到有人形单影只、孤军作战却坚决不肯接受商业上的新发展。他称其太“新潮”，笑其总有一天会被淘汰。这种人的结局不是终生贫困就是默默辞世，很难有出头之日。

我们知道有些报社不肯采用新模式总是因循守旧，一成不变。他们不明白独家新闻有什么好处；不明白既然花一点钱就能找到一篇不错的文章为什么还要花大价钱去聘用什么高级写手；他们不明白既然东西还可以用只是有些过时、老套为什么就应该丢掉；他们认为高薪聘用好的校对员简直是愚蠢至极，读者根本不会注意或者计较一份日报中的一点点错误的；他们也不会丢掉旧的印刷机去买一台和竞争对手一样的新式机器，因为那是他们当年花大价钱买来的；他们认为一份晚报为什么不能从别的地方随便摘抄些文章，为什么要出资出力地自己搞什么原创的文章；同样他们也弄不懂为什么自己的发行量在不断地下降，广告量也在不断地锐减。

他们与时俱进的竞争对手可以回答这些问题。这是一个进步的时代，人人都想得到最新式的商品。人们订阅一份报纸时要确保报纸是由锐意进取、不断进步的出版商发行的；商人刊登一则广告时要确保报纸是最畅销的，是拥有最大的读者群的。无论什么行业，一旦老套、落伍就将再无人光顾，你的老客户也会另寻他处，转而投向更能与时代合拍的人。

有的教师教书多年一直都很成功，但却墨守成规、不思改进、排斥新方法，最终只能惨遭淘汰。

因循守旧的律师也会再无人登门请教。他们不看最新的法律书籍或出版物，一味地沿用曾经很流行但现在却完全落伍的旧方法、旧书籍、旧词汇。他的办公室肮脏昏暗，个人也不修边幅。但是他们自己却想不通为什么客户会不来找他而去找那些经验根本不如他的小字辈。

有的医生离开医学院后不久就开始不思进取，最终也成了落伍者。刚开始时他还很关注医学界的最新进展，但是一旦工作走上了正轨，他便故步自封，再也不理会那些最新的医学出版物、不去分析病例、不去尝试新的治疗方法。靠着手头已有的技术、陈旧的知识和以往的经验，他开始沾沾自喜，最后因循守旧，再无创新。他没有意识到在他的附近来了个年轻的医生，这个人刚刚在设备一流的医院里实习过，那里有着最先进的手术设备和最新的医学知识，同时那里还有当下最新式的办公室。他的病人开始流失。当这位“过气”的医生意识到这种状况时，他怨气冲天，却仍然没有注意到自己不思进取的陋习。

一些老派的农夫根本就不相信什么新式的理念和现代的播种工具，也不会去研究土壤的化学成分。他的父亲在这片土地上已经种植玉米和土豆几十年，他认为自己应该遵循父亲的老办法。他不懂什么是作物的轮作，只是按老的套路吃力地在田间劳作，到头来却连糊口都成问题。而与他土地相邻、土质几乎完全一样的邻居却是个进取之士，采用最先进的方法，认真研究土壤，结果在这片土地上创造了奇迹，生活富足又安康。

我们还可以举一些艺术家的例子。他们才华横溢、蜚声海内外，却也难逃落伍的命运。当新的色彩设计和绘画方法开始流行时，他们视而不见。他们因循守旧，不思变革，最终被前进的队伍远远地抛在了后面。

我认识一位很有才华的老艺术家，他的作品工整细腻、细致入微，即使用放大镜也找不出什么毛病。他的画确实不错，可是当印象派大行其道时，他却对这种新画法抵触有加，并斥责说印象派的人是在侮辱艺术，由于不肯接受新方法他被时代淘汰。他在晚年时贫困潦倒，默默无闻。

即将进入职场或商场的年轻人应该根据自己以后要从事

的工作的特点多花些时间到办公室、商场、工厂去走动走动，学一学那里人们成功的经验。他们会发现所有的成功者都排斥陈旧的方法、设备和风格；那些固守旧理论和旧方法的人都已经跟不上形势了。他们会注意到无论是法律行业还是医疗行业，无论是剧院还是讲台，无论是商店还是工厂，因循守旧就是自取灭亡。那些取得成功的人士必定是进取之人、进步之人和新式之人。

今天人们比以往任何时代都需要那些受过良好训练并且与时俱进的年轻之士。那个单凭一技之长或精明头脑就能事业成功的时代已经一去不复返了。现在成功的商人不但要懂会计和其他商务知识，还要懂地理，懂外国风俗和贸易状况，他们还要做到心胸开阔、思想自由、精力充沛。那些因循守旧、方法单一的人就像是不肯坐火车只肯骑牛旅行的人一样，变得与这个时代格格不入。

今天的商人比法官都要更谨慎、更小心地进行权衡和判断。他权衡利弊，选择最佳时机。只有精明能干、深谋远虑和判断无误的人才能够屡战屡胜。过去看来无关紧要的因素今天也在影响着小麦、棉花、羊毛和烟草的价格。过去看来一文不名或不为人知的事物今天也可能被开辟出新的市场。

要想功成名就，就要抛弃陈腐的观念，与时俱进。新的时代已经开启，一切都遵循着新的原则。形势一年一个样，只有能够预见变化并且迎头赶上的人才有可能进展神速。

有的人过于保守、不思进取、思想落伍，经营了好多年的商店最后却连糊口都保证不了。这种店样式老旧，又缺乏预见性，总是不能满足顾客所需，给店里带来了很大的损失。商人们应该像医生诊断病人一样去了解、研究顾客可能的喜好和动向。

你的店里是不是有许多早就应该降价甩卖的、过时的商品呢？如果经营的是女性用品店，那么只有新潮、时尚、走在潮流前沿的商品才会得到女性顾客的青睐。纽约就有许多家店由于不能把握时代的脉搏，结果只好关门闭店。女性顾客总是对那些最新式、最有品位的商家趋之若鹜。

这不仅仅适用于服装行业，实际上各行各业都通用。无论人们买到什么，他们都想确保买到手里的商品是最好的、最新的。如果男士买了一顶帽子，他要保证这一款式是目前最新的，他可不想要什么去年的款式。衣服也是如此。

不成功的另一个原因还可能是你的商品摆放不好。店里杂乱无章，无人打扫，橱窗也没人打理。只是简单地把商品放到橱窗里是毫无用处的。橱窗里的商品应该摆放精致、时尚高雅、引人注目。好橱窗本身就是好的广告。如果你把自己的好商品都藏到了地下室或者简陋的橱窗里，那么你在激烈的商战中将毫无优势。精明的大公司的店主通常会花大价钱聘用专业人员来粉饰门面，装点橱窗。如果你的小店无力承担这笔费用，你可以充分地利用自己的员工，尤其是年轻的员工，大家集思广益、献计献策也会产生好的创意。

你也许想不通同样是刻苦努力为什么你没有对手发展迅速。其实你的对手注意到了无数的细节，而你却对这些视而不见，结果只能是眼看着自己每况愈下。同样你还可能想不通为什么当自己的店面已经比对手做得更好时却仍然门庭冷落，而对手的销售额可能是你的两倍之多。你的对手会比你更清楚原因。有一种可能是，你的员工、勤杂工、收银员等待人冷漠、粗鲁、无礼，赶走了你的顾客。这些人为人鲁莽，做事偷懒，待人不热情，使你失去了大量的客源。而你的对手却要求手下做到绝对的、不折不扣的彬彬有礼、待人热情和服务周到。他清楚地知道哪怕是员工身体不好的时候也不能对顾客表露出来，否则很有可能会因此丢掉一笔生意。

挑选员工时一定要谨慎，甚至是苛刻。对商店巡视员和部门主管的要求是有天壤之别的。术业有专攻，不可随意安排。

很有可能你图书摆放很杂乱，账本也乱七八糟；你毫无戒备之心，信任任何人，选人时要求非常松懈，从来不清点货物，也从来不了解店里的真正状况。

如果一个头脑精明、精力充沛、与时俱进又善于经营的青年开始与这些老派、保守的店主进行竞争的话，结果应该是不言自明的。这些店主们还没有回过神来他们的顾客就一个一个地流失了，他们的生意也都被这个新人给抢跑了。

有的人自我封闭、与世隔绝，整天把自己关在实验室里或者埋头苦读，两耳不闻窗外事。这种人不久会发现自己正在一步步地走下坡路。

总是有人在不断地缅怀过去或憧憬未来中空耗了自己的能量。人们最不珍惜的就是当下的光景。但是人们要想建功立业就要活在现实中，去感受生活，去触摸时代跳动的脉搏。

许多人根本没活在当下。他们一心只读圣贤书，足不出户，与世隔绝，与整个时代格格不入。我们要了解所生活的时代，要与当今文明的发展步调一致。

许多人选择活在过去，他们接受的是古老的教育，整天研究的是废弃的哲学和停用的理论，满脑子是陈腐的观念。在当今的环境中他们就像是天堂鸟落到了北极一样浑身不自在。他们身在当世却心在过去。他们想不通为什么在这个世界里他怀才不遇，为什么他们只是陌生土地上的一个陌生人。时代的趋势，周遭的发展似乎都与他毫不相干。

要想成功，就要投身到时代的洪流中，紧跟时代的步伐，否则就会被远远地抛在后面。成功者与时代同呼吸、共命运。

上半个世纪商业方法的根本性变革，人类文明向前迈出的一大步，各行各业发明创造的不断涌现，决定着当今的人们要比二十年前甚至是十年前的人们需要接受更广泛和更上乘的训练。新时代的通关密码是“不断向上”。以后想做一名成功的商人，注定要接受更高水准的教育。简单的读写算的技能是不可能让人们事业成功的。

没有学问，对对手情况一无所知就能够获取成功的时代已经一去不复返了。要想在当代取得成功，就要对全国乃至全世界的局势准确把握，掌握最先进的方法，了解国内外市场。买卖的学问在过去也许很简单，但是现在却与无数的利益面休戚相关。这是一门比数学还复杂的学问。竞争如此激烈、残酷，那些不能预估市场、把握商机、提早准备的商人只有死路一条。事实上，现在的商界包罗万象、无所不及，绝对容纳不下狭隘、偏执的商人。

在其他的地方，变化同样是日新月异。技术、手工艺、工程、医学等人类活动的领域都在发生着翻天覆地的变化。

过去几年里电的使用简单而且有限。现在却没有哪个科学家可以预见这股强大的力量在将来会有多少种应用。今天进入电子工业的年轻人不但要做到精通本专业而且要比律师和医生受到更广泛的教育和更全面的培训。

当今时代，要想成为行业中的精英，需要多年的精心准备和细致培养。今天的年轻人有着前所未有的良机；但是另一方面也从来没有哪个时代像现在这样对成功的要求是如此之高。

工匠、农民、商人、牧师、医生、律师和科学家每人所属专业不同，但是要想发挥出最佳水平，就一定要做好准备去实现不断增长的目标。

停滞不前的人将被前进的文明远远地抛在后面。要想达到人类物质和精神境界的巅峰就要跟上时代进步的步伐，去阅读、去学习、去思考、去观察、去最大限度地开发身心。

第 41 讲

友谊与成功

爱默生用一句简单的话概括了友谊的价值:“朋友会让人们超越自己。”要想成功,除了靠个人的能力以外,坚定、真实的友谊更是会助人一臂之力。

朋友与我志同道合,了解我的梦想,知道我的长处和不足,激发出我的潜质,改掉了我的不良嗜好,让我的机遇成倍地增长。他赠予我良言,赋予我力量,使我具有了无坚不摧的能力。

在生存大战中,无论身处何地,都要做到能够与别人结下永久的友谊,这一点弥足珍贵。

友谊有助于我们的身心健康,带给我们幸福和愉悦,点亮我们的生活。同时友谊也具有不容忽视的商业价值。

曾经有一个竞赛,要求给出“朋友”这个词的最佳定义。伦敦的报纸把奖颁给了其中一个参赛者,他写道:“当整个世界都已经消失,朋友是第一个出现在你面前的人。”

这不是严谨的词典里的定义，但是还会有比这更好的定义吗？那些借朋友之力渡过危机的人对此深有感触。

很多人认为他们的成功离不开自己的交友能力。然而现代的经商之道似乎是在排斥友谊。现代人过于忙碌，忙着去创造财富，很少有时间来打理友谊。人们一心只想着发财，将过去的大学密友抛之脑后，新的朋友又没有出现。

我就认识这么一个冷血的人。一个大学同学来找他，他们已经多年未见，可是他却连十分钟的时间也不肯拿出来，因为他的信条是“先工作，后娱乐”。这样的人也许会积累财富，但是却是以失去友谊为代价，连天使见到了也不免会为之惋惜的。

有时候有的人会超越他早年的朋友们。他不断地增加学识、力量和智慧，而他的往日好友却仍然原地不动或被远远地甩在了后面。但是如果一个人忘了老朋友又没有结识新朋友的话就不能算是进步了，因为人就是在不断地结交朋友中发展的。

成功的最大障碍之一就是人前退缩，孤立无援，自我封闭。人们经常忙于工作或自己的追求而忽视了社交生活。朋友们来找他，他要么一口回绝，要么漠然处之，日久天长再也没有人上门了。朋友们一个一个地离去，当突然发生了难以预见的灾难时，他才恍然大悟地意识到自己已成了形单影只的孤家寡人了。

我们也可以去追踪调查一下在成功人士的事业中友谊所起的作用。很多人认为自己的成功完全是因为坚定的友谊。一位作家写道:“人们被紧紧地联系到了一起,他们信任的基石就是对彼此的尊敬。在激烈的商战中势单力薄的人根本不能取胜。他需要朋友、助手和支持者,否则就只有失败。”

朋友其实会在很多事情上助我们一臂之力。他们把我们引见给那些对我们成功有所帮助的人;带我们进入了本来没有机会接触的社交圈子;他们不自觉地向别人宣传我们的产品,夸奖我们的技术,表扬我们最近所取得的进步。换句话说,真正的好朋友会一直推动着我们前进,为我们的事业保驾护航。

一旦有朋友信任我们,我们也会增强对自己的信心。我们身边的人,尤其是一些成功人士,如果对我们的能力毫无保留地信任,这无疑是一剂强心剂,会使得我们奋发图强,加倍努力。

有多少人虽身处逆境却顽强奋斗、自强不息,因为心中坚信有人正在用充满希望的眼神看着自己,一旦失败会令信任自己的人非常失望。

有许多人身处困境,身心俱疲,在即将放弃之际想起了对他寄予希望的老师的殷殷教诲,想起了满含热泪的母亲临别前的深情嘱托,于是一跃而起,转败为胜。

充满希望的、鼓励的话语,我们却往往舍不得送给身边的人。一些进取心强又极其自信的人往往意识不到这种帮助对成功的重要性。对于胆怯、自我诋毁的人他们不肯给予信任，不承认他们的优点和能力。然而很多人成功与否就是取决于别人对自己的看法和信任。有的人能力很强，但是得不到别人的信任、鼓励和欣赏，结果心灰意冷以失败告终。

老师、兄弟姐妹、父母和朋友的信任在孩子的一生中都将有着不可替代的作用。

有些年轻人虽然表面木讷，但实际上很有能力，可是他总是受到周围人的贬低，老师和父母也都不理解他，总是把他看成是一个失败者，日久天长他就会偃旗息鼓、斗志全无。

当这个年轻人的生活中投射进了信任的阳光，当有人发现了他的潜能，他的心中就会重新产生希望，这缕阳光将给他带来无限的鼓励和永恒的动力。

如果你信任一个人，如果你觉得他有能力，就对他说出来，告诉他你相信他有成功的潜质。对于年轻人来说，这种信任要比金钱还重要。

"我信任你！看好你！"这将是对人的莫大的鼓励。

第42讲

自我的胜利

要想得到全世界的掌声并不容易，但是得到自己本人的赞同却相对来说容易得多。人们只有自我认可、自尊自爱才有可能会成功。

人们无法欺骗自己。整天自欺欺人，听着伪善的表扬，既不会令人开心又很容易让人道德堕落。

自己认可的成功才是最大的成功。很多人在别人看来已经很成功，受人羡慕，被人追捧，但却总是自认为很失败而内心受到极大的煎熬。自我认可，获得自己的承认才能算得上是真正的成功。自我认可才会获得财富、地位和名声所不能带来的内心的平和与满足，才会使人即便是忍饥挨饿、身处逆境仍然开朗乐观。

虚假的生活、双重的人格虽然可能会得到别人的好感，但是迟早会令哪怕是最坚强的人崩溃。虚伪的面纱一旦被撕掉，伪装者就会像全身沾满孔雀毛的八哥一样受人嘲笑，遭人唾弃。

无论所从事的是什么职业，每个人全力去争取的应该是对自身的毫无保留的认可。这要胜过任何的荣誉、财富和名声，会使人们充满力量从容应对生活中的任何挑战。

成功不仅仅是成就非凡业绩或积累巨大的财富；成功也不是声名鹊起，获得大众暂时的掌声。成功是人的身心获得了发展，道德得以提升；成功是将个人的能力最大化；成功就是努力去做得更好，让世界因为我们的努力而发生变化。

男孩安心地照顾年老的家人，女孩认真地去做听话的女儿、体贴的姐姐、忠诚的妻子和明理的母亲，他们的幸福感也许会胜过那些背井离乡读书工作甚至是稍有成就的人。

我们要牢记：金钱和名望都不能代表成功。

年轻人往往注重表面，观念比较浅薄。由于媒体经常报道政治家、银行家、杰出的商人和生产商，他们觉得整个世界都靠这样的人来维持。

事实并非如此。人们也会认为国家的繁荣要靠城市里的商业，而事实是城市里的一切都要依靠农业，农作物的风吹草动都在影响着市场、贸易甚至是全球的商业。

世界的运作绝不是仅仅依靠报纸上报道的寥寥无几的伟大功绩，相反这一切都是靠着无数人在家里做出的微小的贡献。父母们辛苦劳作、省吃俭用，是为了让孩子过上比自己好的生活;女儿们放弃自己的梦想安心地待在家里陪伴年老的父母,让他们可以安享晚年;吃苦耐劳的儿子们待在农场帮助家里还清抵押以保住自己的家园。

报纸上根本没有对这些事情的报道。这些事情过于卑微、过于无足轻重,很难吊起公众的胃口。但人们正是因为这些事情才变得伟大,才获得了最大的成功。